把事情做得
恰到好处

木子 著

成都时代出版社
CHENGDU TIMES PRESS

图书在版编目（CIP）数据

把事情做得恰到好处 / 木子著 . 一 成都 ：成都时代出版社，2019.5（2023.1重印）

ISBN 978-7-5464-2396-8

Ⅰ . ①把… Ⅱ . ①木… Ⅲ . ①成功心理－通俗读物 Ⅳ . ① B848.4-49

中国版本图书馆 CIP 数据核字 (2019) 第 075693 号

- -

把事情做得恰到好处
BA SHIQING ZUODE QIADAO HAOCHU

木子　著

出 品 人　李文凯

责任编辑　樊思歧

责任校对　刘　瑞

装帧设计　末末美书

责任印制　李茜蕾

出版发行　成都时代出版社

电　　话　（028）86619530（编辑部）

　　　　　（028）86615250（发行部）

网　　址　www.chengdusd.com

印　　刷　三河市嵩川印刷有限公司

开　　本　880mm×1230mm　1/32

印　　张　8

字　　数　160 千字

版　　次　2019 年 5 月第 1 版

印　　次　2023 年 1 月第 2 次印刷

书　　号　ISBN 978-7-5464-2396-8

定　　价　39.80 元

目　录

活得真实点，是对生活最高的敬意

爱情这回事，就是好的时候如胶似漆，一旦分手便各自天涯。再见，那就是陌生人。

有人跟我说，不就分个手嘛，做不了情人还可以做朋友，干吗搞得剑拔弩张的，又不是仇人。呵，能把分手说得这么轻松的人不是没有真心爱过，就是电视剧看多了吧？电视剧里常会出现这样的场景：前男友或是前女友结婚了，明明新人比你优秀、比你有钱、比你帅气、比你漂亮，你还得控制自己心里的醋坛子，虚情假意地祝福他们两口子幸福天长地久。

拜托，别这么折磨自己，对自己好点儿行吗？

大晚上亮哥拉着我们几个去喝酒。酒过三巡，亮哥才缓缓开口说出自己的郁闷。前女友结婚了，他收到了通知。

亮哥点了根烟，满面愁容："我不是对她余情未了，就是没办法说出一句祝福的话。你说人家结婚多好的事情，'百年好合'的话都到嘴边了，我就是说不出来。因为我打心眼里就希望她没有我幸福，我这样是不是内心太阴暗了？"

同桌的一位朋友豪气地一拍桌子："为啥要祝福啊，凭啥就非得祝福啊，祝福说不出来就说不出来呗！我和你分手了，我就是希望你过得没我好，那样我心里舒坦。大度，都是装的！"

就是，干吗非得祝福你？劳烦你还专门发个短信给我，难不成没有我的祝福，你这辈子就不会幸福了是吗？

臭显摆什么，过好你自己的日子就行了！

不祝福，自有不祝福的道理。两个人在一起的时候，曾经爱得死去活来的，你知道我是什么样的人，我知道你什么德行，就算分手不是因为背叛，有这样的过往在前，彼此真的还能做朋友吗？所谓"做不了情人还可以做朋友"，在我看来，当真尴尬。以前一起走路的时候，两个人自然而然地牵着手，现在为了朋友的礼仪，彼此连走个路都要保持安全距离，不觉得别扭吗？

犹记当年我和前男友分手的时候，恍如晴天霹雳，一声大雷闷闷地砸下来差点儿没砸死我。年少天真的年纪，以为对方就是我的全部，在我的未来规划里满满都是他。他倒好，说分就分，一点儿情面都不讲。一下子，我的生活全被打乱了。当时的我只觉得，没有他的人生还有什么意义？

我也知道我们在相处过程中矛盾重重，为了对彼此的人生负责，早点分手未必是一件坏事。可我当时就是接受不了，尤其是当我还在伤心欲绝地等他回来复合的时候，他没有丝毫难过不说，竟然分手不到两周就另结新欢。更可气的是，他还贱贱地发了朋友圈却没有屏蔽我。这是专门向我示威吗？还是想让我祝福你？

滚你的吧！

现在想来，当时的我就像一个天大的笑话。

祝福你又过上了没羞没臊的甜蜜生活？祝福你个大头鬼！我不需要装大度，我只要对自己的心情负责就行了。

我认识的一个女孩沐沐，胸大臀翘，独立自主，可就是这么优秀的姑娘却碰到了世纪大渣男，真是遇人不淑。两个人谈了好多年，一直分分合合。那段恋情在外人看来，就像是大家一直吐槽的狗血青春剧，彼此不把对方折腾得体无完肤决不罢休。了解真实情况的朋友都劝过女孩，早分早了，说不定转角又会遇到爱呢。

可是那么独立的一个女孩，遇到爱情，却是飞蛾扑火的性子。争吵、和好、再争吵、再和好……女孩总觉得再坚持一下就好了，再给他一次机会他会改的。所以，当那个男的跪下来向沐沐求婚的时候，我们也觉得沐沐真的守得云开见月明了。谁知道，第二天就有一个沐沐不认识的女人拿着怀孕检验单来逼沐沐离开她的未婚夫，沐沐知道男人一向贪玩，可是他能安定下来结婚总不至于做出太出格的事。可是，面对另一个女人的咄咄逼人，男人飘忽不定的眼神让沐沐彻底死了心。这次，她果断摘下戴了还不到 24 小时的婚戒，再也不想和男人有什么瓜葛。

沐沐说："让我祝福他？呵呵，我不诅咒他就不错了！我永远记得他带给我的伤害，凭什么他这样伤害我之后还指望我原谅他？做梦去吧！"

KTV 里，沐沐一边唱着小时代中的主题曲《不再见》，"祈祷天灾人祸都给你，只把福气给我……"一边哭得稀里哗啦的。这么多年的真心，当真是错付了。

你可以说我不大度、小心眼，你也可以质疑我分都分了，何必呢。

没关系。事已至此，一切都结束了。

自此，我们就是两个世界的人。甭管是不是老死不相往来，但我真的没有非要祝福你的必要。

爱情是如此，其他感情也一样。只要是身边的人，但凡有点什么喜事，就一定要祝福吗？

现在都什么年代了，不要再搞道德绑架了好不好！琼瑶奶奶的《情深深雨蒙蒙》里依萍说得好："我们是有血、有肉、有思想的人，有自己的判断没错。"然而，现实生活中总是有些人，明明自己不讲理，矫情得要死，拼命地作，却还摆出一副无辜的样子，装得可怜巴巴的，让人原谅，让人祝福，呵，光是想想，我都觉得让人气得牙痒痒。

据说《又见一帘幽梦》是琼瑶奶奶最著名的一部毁三观电视剧，因为剧中的男主角费云帆在面对因为失去一条腿而发疯发狂的绿萍时说了一句超"经典"的台词："你失去的只是一条腿，而紫菱失去的是她的爱情。"

奇葩不？

真的是要爆粗口了！哎哟，既然一条腿那么不重要，那你倒是失去一下试试啊，看你的爱情能不能找上门来。

想当初，绿萍多优秀呀，舞姿优美，容貌秀丽，整个人就像天鹅一样，浑身散发着高贵优雅的气息。为了让公演更完美，她没日没夜地练习。结果呢？视舞蹈为生命的她，竟然因为妹妹与自己男朋友隐秘而不可说的爱情失去了一条腿！

更过分的是，两个人还打着"为她好"的名义欺骗了她的婚姻！

她是何等骄傲的一个人，又是多么脆弱的一个人。不爱了，就是不爱了。不爱的结果，虽然可能令她伤心难过，但是绝不会摧毁她的意志，更不会让她知道真相后变得如此癫狂。

她失去的，仅仅是一条腿吗？对钢琴家来说，手指就是全部；对舞蹈家来说，双腿就是生命。你凭什么认为一条腿没有一个人的爱情重要？凭什么认为她的梦想就如此不值得珍视？

更何况，妹妹紫菱所谓"剩下的半条命"，也不过是偶尔一闪而过的愧疚罢了，更多的还不是享受奢华的生活？她把原本平静的湖水搅得一团乱之后，轻飘飘地一句"我退出"，然后就跟着其他男人躲到国外逍遥自在去了。

凭什么整天只想着做白日梦而无所事事的妹妹轻而易举就得到了幸福，而从小到大都努力向上的姐姐反而下地狱呢？为了艺术效果吗？还是在向我们昭示：爱情大过天？

爱情确实很重要，可如果你要说它比一条腿还重要，我想你应该去看看心理医生。

什么三观啊！

既然你说得饶人处且饶人，那你饶吧，我不饶。既然你说退一步海阔天空，那你退吧，我不退。

凭什么你伤害了我，我还得原谅你？凭什么是你要跟我分手，我还得祝福你？

你有你的选择和决定，我有我的原则和立场。我没要求你和我保持步调一致，你也不要用你的标准来绑架我。我不原谅你，未必就是我心胸狭窄；我不祝福你，未必就是我盼着你此后多灾多难。你愿意装大度，装去吧；你愿意当圣母玛利亚，当去吧。

别绑架我。

一位朋友之前在一家著名的招聘网站上班，工作勤勉，业绩突出。适逢公司有一个高管岗位的空缺，上级决议此岗位不再面向社会公开招聘，而是从公司内部选拔，朋友很想抓住这次机会，让自己的事业更上一层楼。为此，她比之前更勤奋、更努力，为了提交一份完美的提案，她常常通宵查资料、做笔记、改报告。然而，结果却令她大失所望。笔试成绩第一的她在面试中以第三名的成绩被刷下来了，而最后晋升高管职位的那个人的笔试成绩甚至连前十名都没进！

讽刺吧！

当时，朋友觉得心里委屈死了。凭什么啊，她明明很有实力，工作也很努力，为什么还会落选呢？

后来，朋友通过其他渠道意外得知，原来啊，成功晋升的那个人是公司品牌总监的一个亲戚，当时几位高层领导就是在朋友和那个人之间犹豫不决，最后为了公司的和谐稳定才决定破格提拔那个人。结果不言而喻，朋友成了这次内部选拔赛的最大炮灰！

庆功宴上，朋友看着同事们纷纷端着酒杯去祝贺那个人，只觉得反胃。有什么可得意的？靠关系上去算什么本事？话是这么说，可到底是自己败了。回想自己这几年为公司鞠躬尽瘁的倾心付出，就差死而后已了，却还是抵不过裙带关系的利益纠葛，当即恶心得受不了，第二天就提交了离职信。

能干的人公司自然不愿意放走，人事部找朋友谈话，各种许诺，各种保证，朋友早已心灰意冷，坚持要走。人事部见挽留不成，又担心朋友一走会把公司的资源也带走，就转变策略，表面上对朋友还是客客气气的，背地里却在公司内部散播流言，说朋友违犯了公司的规定，被公司劝退了。

巧不巧，朋友还没办妥离职手续，就听人说起了自己离职的"真正原因"。

什么？劝退？

你们公司给优秀员工发的那明晃晃的五星级工作牌是逗着玩的？本来大家好聚好散，成王败寇，我输了，我认了。可你要这么摆我一道，毁坏我在行业内的名誉，这我就不干了！

既然你不仁，那我还跟你讲什么义气？

来来来，我们算算，既然是劝退，那像我这种工龄、这种级别的员工，按照《劳动法》，你该赔我几倍工资！

不该我的，我一分不多要；该我的，少一分都不行！

朋友说，刚开始说辞职的时候，心里还有些后悔，怪自己不该逞一时之气，去哪儿工作不是工作，去哪儿工作能避免"裙带关系""潜规则"？何必那么较真呢，做好自己该做的就行了。毕竟她一毕业就来这家公司上班了，公司教会了她一定的工作技能，也见证了她的成长。可是，经过离职前的那些"龌龊"事，她现在只后悔自己为什么没有早点走，这样的公司别说祝福了，她没诅咒它早日倒闭已经是最大的宽容了。

离开的那天，朋友在朋友圈发了一首歌，是苏打绿的《再遇见》。

忽然之间，你发现了我发现的所有改变

当初的微笑眼泪，喜怒哀乐，都已抛在昨天

而你，在离开我之后全没有改变

而我，在离开你之后就一直往前

转眼之间，你的世界一步一步越离越远

转身之前，看到你却还依稀觉得有点可怜

······

有网友把这首歌改称《知道你过得没我好，我就放心了》。对，就是这种感觉：当初的爱恨，我已不想再计较，只要我过得比你好就行了。

有人说，真正的放下是根本想不起来那个人，无论他过得好不好，都再与你无关。他不会再牵动你的情绪，也不会再出现于你的梦里，甚至你们明明还躺在彼此的通讯列表里，可就是再也不会注意到彼此。

得了吧。在我心里的坎儿没过去之前，就算你过得很好，我也不想知道。

我就是不想强迫自己放下，怎么了？

我就是不希望你过得比我好，怎么了？

虽然分开以后，我很伤心，难过得恨不得要死掉，但我毕竟自己一个人走过来了。我没有哭天抹泪求复合，也没有对你造成其他实质性的伤害，我还不能在心里"腹黑"点了？还不能骂两句"狠毒"的话，希望你过得没我好了？

每次看那种玛丽苏的剧情，都恨不得想骂圣母白莲花女主：你有没有原则啊？人家虐你千百遍，一句"我是有苦衷的"，你就原谅人家，重新欢欢喜喜地跟人家当好姐妹，你傻不傻啊？

鲁迅先生在评价阿Q的时候，说过一句经典的话："哀其不幸，怒其不争。可怜之人，必有可恨之处。"

遇见这种没有原则的人，我只想说一句：活该！

大学时期隔壁宿舍的一个女同学，一开始和她同宿舍的琪琪关系特别好，说两个人好到穿一条内裤也不为过。因为她对琪琪是真的好：琪琪生理期，她逃课去帮琪琪买姨妈巾；琪琪和别人发生冲突，她第一时间跳出来维护琪琪；琪琪生活费不够用了，她将自己的钱拿出来和琪琪一起花……可是，真心不但没有换来同等的回报，反而被对方视若粪土。

她被琪琪嫉妒了。

琪琪不但到处向别人说她的坏话，还恶意捏造一些无中生有的事情去中伤她，说她和很多男生都暧昧不清，私生活混乱得一塌糊涂。

人心真是可怕，有些话随便找个人说，可能大家都不会相信，可是要是出自好朋友之口，大家就觉得是事实无疑了。真是可笑！如果真的是好朋友，怎么可能会在背后诋毁那个爱你的人？好在还是有人心里如明镜似的，知道那位女同学绝不是那样的人，就把琪琪暗地做的那些事告诉了她，让她别太相信一个人。

一开始，那位女同学还不相信，以为向她"打小报告"的人是嫉妒她和琪琪的友谊，存心想挑拨离间，直到那人将琪琪谈论她时的录音放出来给她听，她这才傻眼。

原来，我这么久以来的真心全喂了狗啊，没指望你感激我，可你这么侮辱我，就是你的不对了！

这位女同学去找琪琪理论，琪琪先是狡辩，死活不承认，直到她将证据甩在琪琪面前，琪琪还不知悔改地说："不就随便说了你几句吗？至于动那么大的火气吗？"

什么？随便说了我几句？

你以为你是故事家啊！你那么爱讲故事，为什么不说你自己呢？为什么不往你自己身上编故事呢？

看着琪琪嚣张的态度，这位女同学一个巴掌打过去："从今以后，管好你的嘴！再让我听到你对我说三道四，小心下回可不止一个巴掌了！"

听说后来琪琪有想过挽回，但这位女同学再也没有理会。

中国人自古以来就讲究"敢做敢当"，既然你做了伤害对方的事，就要做好被对方讨还的准备。别明明是自己先惹事儿，还搞得好像对方不原谅你就是对方错了一样。世道若是如此，那还有什么天理？

遇见这种人，我只希望贱人自有天收。

很多心灵鸡汤、故事哲理都不厌其烦地教导我们，做人要大气，要以德报怨。即使别人伤害了我们，我们也不能跟那些人一般见识。

凭什么你伤害了我，我就要忍着疼，忍着痛，然后还要一笑而过？如果对于伤害我的人，我都要假装不在意，那我又何以报答有恩于我的人？

谩骂或者诋毁有时候的确会显得自己格局不够，这时候不妨保持缄默，毕竟把对方塑造成一个人所不齿的败类对你自身也未必就是一件多么光彩的事。要知道，那个人可是你当初心心念念的人。分手了，你就将他说得如此不堪，不是打自己的脸吗？

不想祝福，就不必非得勉强自己装大度。即使别人说你宰相肚里能撑船，又能怎么样呢？是能让你升职加薪，迎娶白富美，还是能帮你走上人生巅峰？

那些伤害，那些过往，不管是好是坏，是遗忘还是铭记，都已经是过去式了。以后我们山高水长，再见无期。你走你的阳关道，我过我的独木桥。

不是非要向谁开战，而是我的地盘我做主。
活得真实点，是我面对生活最高的敬意。

生活永远对那些倔强
又不服输的人报以敬意

.

悦悦发微信过来,问我什么时候去唐山,她说她要带我吃肉,以庆祝她成功晋升为店长。

庆祝!必须庆祝!

我一个电话打过去:"悦悦,您老人家终于守得云开见月明了!"悦悦毫不客气又带些许霸气地说:"我应得的!"

的确是她应得的。

讲真,论"作",我只服悦悦。

悦悦她爸是我们家那块儿一个有头有脸的人物——一个小有名气的官。毫不夸张地说,如果大学毕业,悦悦选择回家发展,那她以后的生活不说是吃香的、喝辣的、走上"人生巅峰",

说她会顺风顺水地过上安逸的生活那绝不为过！

但是！

悦悦直接拒绝了这种看似安稳的生活，只身一人留在了唐山。悦悦爸一看闺女非要在外折腾，死活都不肯回家，一生气断了她的"粮草"。你一个从小养尊处优的小公主，我看你没有生活来源还硬气不？爸爸让你回家，可都是为你好啊。

老爷子够狠啊！为了逼女儿回家，就忍心看她在这里吃苦受罪啊？

不给钱是吧？没关系，本小姐自己搞定！为了尽快解决自己的生活问题，没时间细挑工作的悦悦迅速找了一份推销员的工作，月薪1500元，这点儿钱还不够她之前买一件衣服的钱，但是现在也顾不了那么多了，活着要紧。

2014年，悦悦就职的公司还没有店面，要想将产品推销出去，只能挨家挨户地上门推销。可是新盖的小区，安保措施都很严格，推销人员想要混进去，简直难如登天。所以她们只能去老一点的小区，一家一户地敲门推销。有一次，悦悦刚表明她的来意，对方就把她的东西一把抢过来顺着窗户扔了下去。悦悦担心东西被别人捡走，赶紧跑下去捡，为此还扭伤了脚，别提有多狼狈了。更有甚者，一听她介绍产品，根本不给她解释的余地，直接骂她是骗子，那些不堪入耳的话啊，悦悦学都学不来。

悦悦说，她当时真是又生气又害怕，只能自己一个人躲起来哭。可是哭完了又能怎么办呢？如果就此甩手不干了，她还何以在这个城市立足？如果她就这样灰溜溜地回去，怎么面对爸爸对她的"惩戒"？她知道，以爸爸的能力，回到家乡她可以生活得很好。可是，有谁想过她内心的恐慌？有谁了解她真正想要的是什么？从小到大，数不清的人夸她优秀，夸她漂亮，夸她能干，无论她有多努力，别人都会说："虎父无犬女，果真是有其父，就有其女啊。"就连她爸爸自己都说："你要不是我女儿，你以为你干啥都能这么拔尖啊！"

她真的受够了！

悦悦说："我不是倔强，更不是放着好日子不过偏要自讨苦吃，而是我想证明：我就是我！离开了父母的庇护，我一样可以活得很好！"凭着这股子不服输的性子，悦悦硬是扛过来了。工作不会辜负勤奋的人，悦悦通过自己的努力成功晋升为店长，这个职位光底薪就是她之前工资的 10 倍还多。

真棒！

说实话，我特佩服悦悦骨子里的傲气——想干的事，谁也拦不住，而且还非得干好不可。

一个人骨子里必须要有坚持的东西，这是你独立于人世的标志，也是谁也拿不走的气质。

前几年热播的《甄嬛传》，口碑、收视双丰收，且不说剧中的宫斗戏码足以让人瞠目结舌、大开眼界，就是光看后宫佳丽的风姿，也能悦人耳目。在那一群莺莺燕燕中，给我留下深刻印象的，非宁嫔莫属。

宁嫔原本是马场的一名驯马师，甄嬛因为与皇帝意见不合，又不愿意伏低做小，就离开了皇宫。皇帝百无聊赖，就去马场消遣。宁嫔身为马场的驯马师，英姿飒爽的模样瞬间抓住了皇帝的心。

照理说，身份低微的宫人有幸被皇帝看中，那还不是迎上赶着巴结讨好，笼络圣恩？可宁嫔却是个特立独行的存在。人人都说"一入宫门深似海"，可宁嫔偏还是以往洒脱的性子，她不善言辞，性格又耿直，说出来的话不是噎死人，就是杀人于无形。她不懂得看人脸色说话，也不在乎别人怎么看她。可就是这么一个与宫廷氛围"格格不入"的人，却愣是见证了紫禁城的起起落落，无数妃嫔的沉沉浮浮。按照宫斗的逻辑活不过三集的人，硬是活到皇帝去世，都安然无事。认真分析一下，她之所以活到最后，完全得益于她身上那股子傲气。

不喜欢就是不喜欢，瞧不上就是瞧不上。就算入了宫，从此生死荣辱全系在他人身上，她也要在夹缝里坚持做自己。什么荣华富贵，什么君恩圣宠，全都随它去吧！

你们争你们的，我活我的。

我不想招惹你们，你们也别来烦我。

人生在世若是什么都可以妥协，那和咸鱼有什么区别！一个人若是没有自己的底线，没有自己要坚守的东西，如何赢得他人的尊重和珍惜？而那些骨子里有傲气的人，或多或少都会因为自己的坚持而获得意想不到的收获。可是，生活中大多数人常会因为别人的规劝、嘲讽、冷漠而丢失自己原本应该坚持的东西。就拿离婚来说吧，即使现在社会风气开放了，离婚早已经不是什么大惊小怪的事情了，可仍然有不少人对离过婚的人持有极大的偏见。

一个有孩子的女人长期遭受丈夫的家暴行为想离婚，这时候就有人站出来说了："孩子都有了，还离啥婚？再说了，你一个女人带着孩子不容易，你拿啥养活自己、养活孩子？忍忍就过去了，他总不能天天打你，凑合过吧！"

一辈子那么短，为什么要把人生浪费在不值得的人身上？为什么老公打你，你就要忍着？为什么离了婚的女人就一定是没人要的"二手货"？我自食其力，自己生活不好吗？不找个男人凑合，我的人生就不完美吗？我没有按照世俗的标准生活，我就掉价吗？

性感女神钟丽缇嫁给现在的老公张伦硕之前不仅离过两次

婚，而且还带着她跟前夫生的三个娃。结果呢？她照样收获了新的幸福，开启了新的人生。

她有自己的潇洒和坚持，也有自己对爱情、对婚姻的认知标准。相爱时，努力相爱；不爱时，洒脱离开。

说什么离了婚的女人就不值钱了，我的人生干嘛要受你的指指点点？你是给我钱花了，还是能对我的人生负责？

如果按照一些人的偏见，她离了婚，还带着娃，就关起房门躲在家里哀叹自己的人生好悲惨，还怎么遇见现在的爱人，过上自己真正想要的生活呢？

坚持自己的人生态度，保留自己该有的骄傲，美丽的人鱼小姐遇到了命中注定的白马王子，王子不仅呵护她，还和她的宝宝们相处愉快，幸福得羡煞旁人。

那些总是看不惯别人身上具有独特傲气的人，你们是自卑，还是什么呢？自己不敢表达真实的想法，被人牵着鼻子走，最后看到别人因为坚持而散发出自信的魅力就开始嫉妒了，这像话吗？

最近在重读《西游记》，又一次被猴哥所吸引。这只被大多数中国人定义为"英雄"的猴子，由开天辟地以来的仙石孕育而生，虽是天生石猴，却五官具备，四肢俱全，且有灵智。他相信仙人的存在，追求长生不老，拜师学艺修得七十二变。自此，上天下地没有他不敢去的地方。他闹龙宫，得兵器，获战衣；他闯地府，撕毁写有自己名字的生死簿；他偷吃仙丹和蟠桃，将天宫搅得个底朝天。如此胆大、随性，也只有这个天地孕育的石猴才有、才敢，这种天生的骄傲与不羁，谁人不喜欢呢！

一身傲气，且兼具实力的人，真的特别让人敬佩。

当你不具备实力的时候，就去为有朝一日一鸣惊人储备实力；如果你已经具备实力，又何苦放弃自身的傲骨，做一个随波逐流的人呢？

傲气，不是自负。但是很多人却喜欢将两者画上等号，甚至有人觉得傲气就是傲慢、无礼。真是可笑，傲气是从骨子里透出来的，那种不为世俗目光所左右的洒脱、不羁，跟没礼貌有何相干？

骨子里带有傲气的人即使知道自己才华横溢，为人也多低调。他们待人友善，温和有礼。他们不会被一时的胜利冲昏头脑，一旦自己有骄傲的苗头，就立即扑灭它，然后继续默默耕耘，提升自己。他们时刻保持清醒，从不得意忘形。

这才是真正具有傲气的人拥有的气节。

我们公司经常举办培训会,有次轮到设计部的经理"黄大师"来为大家培训设计字体。从"黄大师"条理清晰的PPT上不难看出,他为了做好这次培训,花了很多心思,也准备得很用心,培训的内容从古代的汉字演变一直延伸到国内外的经典案例,听得大家是激情澎湃,热血沸腾。培训会临近结束的时候,"黄大师"自嘲地说,虽然人人都称他是"大设计师",但在他心里他只是一个"抠图工"。

作为年轻一代的我们,看到大师这么谦虚、这么低调,内心对他的崇拜之情简直是"哗啦啦"地直线飙升。不是吹牛,"黄大师"的作品,在我们这种职场"小白兔"眼里,绝对堪称一流。

通常情况下,被称为"大师"的人性子都比较古怪,脾气大多也不好,有的还是倔脾气。"黄大师"也不例外,每次甲方让设计什么东西的时候,"黄大师"总是设计两版:一个版本是他自己用心设计的艺术品,另一个就是甲方要求的版本。

每次甲方否定"黄大师"自己用心创作的作品时,"黄大师"都气得摔东西!大家劝他:既然甲方不懂得欣赏,那就别再做两个版本了,他们满意就行。可"黄大师"依然不为所动,下一次他仍然设计两版,若是甲方不选择他更心仪的那个,他继续跟自己怄气。

可爱又顽固的"黄大仙"啊，就是这么有傲气！

转机是新《广告法》来临，甲方的领导换了。甲方新领导是鲁迅美术学院毕业的，对画面设计要求特别严格，就在设计师们束手无策的时候，是"黄大师"的作品为公司挽留住了甲方。

"黄大师"骨子里的傲气，让他坚持自己的标准，即使别人要求低，他也绝不降低自己的作品标准。所以，一旦遇到要求标准高的甲方，他自然能出来独当一面了。

现在流行大叔控，张嘉译、靳东一个个把小姑娘们迷得不行。可是你要知道，他们是明星，自然是丰神俊朗，风度翩翩，要是一个外貌普通，肚里也没啥学识的大叔站在你面前，你还喜欢吗？你要是只有大叔的年纪，却没有大叔的内在气质，顶多被小姑娘叫一声"师傅"。

在各路大叔中，我个人最喜欢陈道明老师，因为他不仅人长得帅、肚子里有货，而且骨子里还透着一点孤傲、一点清高！当真是集正气、儒雅、霸气于一身的极品男人！

据说陈道明老师出生在书香世家，自小就接受良好的家庭教育，琴棋书画样样精通。即使在娱乐圈如此鱼龙混杂的地方工作，他依然保持着自己的一身傲骨，对不入眼的事决不低头，令人敬佩。据说 20 世纪 90 年代的时候有次他参加一个演出，因为主办方对大陆艺人和港台艺人区别对待，他就带领几个大陆艺人公开罢演！

面对不公平待遇，试问，有几个人能像他这样做得如此硬气？

有次采访，记者略带玩笑地说起江浙一带特别是宁波、绍兴人，骨子里总带有某种刻薄、"刁毒"的成分，而陈道明老师作为祖籍绍兴上虞人，其性格或许也有类似成分吧。陈道明老师听完，当即反驳道："我不觉得那是刻薄、'刁毒'，我觉得可能更是智者。'刁毒'？如果没有智慧又怎么可能'刁毒'呢。从骨子里说，我没有'刁毒'，但我也许很刻薄，我要是真损起人来可能是挺狠的，还带有某种宣泄的快乐，从小就这德性。我最欣赏的人物就是《白鹿原》里那个打不弯腰的地主。最后只能是把腰打折了才能让他弯着，如果还没打折，就绝不肯弯。在这一点上，我父亲跟我都具备同样的固执。所以，我说过一句话：将来就是没事可干去看传达室，我肯定也是个倔老头。"

有人给他立"正人君子"的人设，说他是当代柳下惠，坐怀不乱，他也不愿意，说："爱美之心人皆有之，漂亮姑娘说不喜欢那是假话，只是我的精力、我的体力还有我的意识形态，都不足以承受之外的重负。"

我想，能对自己有如此清晰认知的人，大概就是他的智慧在支撑着他的"傲"。就连冯小刚在评价陈道明这位老友时，都说："他的孤傲只允许他在戏里低头！"

生活中，不乏一些骨子里倔强而又不服输的人，他们坚守自己的底线，却又勇于攀登，也正因为此，他们的气质特别迷人，人生也格外耀眼。

愿你的傲气也能让你在生活的沉重负荷下，依然坚挺地活着！

尊重，就是让别人感到舒服

你身边有没有这样一种人：明明是自己招人烦，却还容不得别人表现出一丁点儿不耐烦。但凡你对他善意地提出一点点小意见，他们就自以为是地认为你是在嫉妒他。

嫉妒他？嫉妒他什么？嫉妒他比我们优秀？嫉妒他比我们英俊？嫉妒他比我们拥有更多的财富？

对于这种超级自恋的人，我只想翻一个大白眼给他看。

你为什么不从自己身上找原因，看看自己究竟有多讨厌！

幸好这种人生活在当代社会，这才救了他们的命！不然，凭借这种智商和情商，没有被人打死已经是祖上烧高香了。

高中的时候，我们有一个同学，美貌堪比电影明星，完全称得上校花级别的人物。可是，同学们却很讨厌她。你以为是大家嫉妒她长得好看？错！是因为她情商几乎为负数。

为什么呢？就是因为她以为自己很漂亮，就认为全世界的人都是她妈，都得惯着她！

有一次，班里一位女同学买了新衣服，正和朋友们分享自己的开心，她却幽幽地走过去，一脸嫌弃地说："这不是去年的流行色吗？你怎么穿这么过时的衣服啊？老不老土啊！"

班级的学习委员因为考试发挥失常，正为考得不好而黯然神伤，她却拿着自己的卷子，幸灾乐祸地说："哎呀，真没想到我这次竟然比你考得还好，要知道，你可是咱们班的学习委员呀！"

一起吃饭的时候，她的筷子总是在菜里搅来搅去的，特别不礼貌，若是你忍不住提醒她不要这个样子，她反而嘲笑我们纯粹是嫉妒她怎么吃都不胖。

借用宿舍同学的化妆品的时候，从不主动放回原位，总是随便乱放。等到下次人家不借给她了，就说人家小气，这么抠门就是嫉妒她化了妆更好看。

和同学们聊天，不把对方说得哑口无声决不罢休，最后还要强调："看，就说你说不过我吧！"

呵，人家是不想再跟你这种人较劲，好吗！

她好像无时无刻不在给大家添堵，久而之久，女生基本都不怎么再搭理她了。她倒好，不但不从自身找原因，反而大言不惭地说："像我们这种长得好看的女孩，注定是要被孤立的。"

真是无语了。

你以为你长了一副漂亮脸蛋，就全世界都得为你马首是瞻吗？别搞得人家受够了你，不想理你了，就像欺负你似的。与其埋怨别人孤立你，不如多从自己找原因吧！完全是空有一副天使面孔，一点儿心都没长啊。要知道，现在虽然是看脸的社会，但你也不能只有脸甚至于有点"不要脸吧"！

你不合群，真不是因为你高冷且优秀，而是你就是单纯地让人讨厌，让人浑身不舒服！

谁还不是个宝宝来着？凭什么大家就得惯着你呢？想要大小姐脾气，回家耍去，我们可不伺候！

我上一家公司有个业务经理，能力到底有多大不敢乱说，但是能做到"经理"这个位置足以说明他绝不是个等闲之辈。可是，就是这么一个还算出色的人，全公司没有一个人不讨厌他！就连我们公司总经理，也公开说过他那些招人烦的地方。当然了，对老板来说，能为公司创造价值的员工就是好员工，管他到底有多烦人呢。所以，老板对他还是有一定的包容之心的。于是，这位经理总觉得别人讨厌他是因为他优秀了，他的高度是我们这帮"凡人"所不能及的。他的这种"蜜汁自信"有时候真是让人哭笑不得。

说实话，没和他接触的时候，我也想不通为什么大家都觉得他不好相处，他在工作中明明就很优秀啊，执行力强，脑瓜又灵活。可是真正和他接触之后，我发现，我还是太年轻了。有一次，我亲眼看见这位经理找同事协助他工作的时候，不仅一副命令的口气不说，还不给人预留合理的时间，没过一会儿就问人家搞定了没有，对方还没反应过来，他就开始不停地催，跟个催命鬼似的。可是，人家把方案整理好，到了需要他定稿的时候，他又神奇般地消失了。

在他的观念里，他的工作最重要，别人配合他都是理所应当，而需要他配合别人的时候，他则是一副不耐烦的面孔："我的天哪，我每天都这么忙了，你竟然还来打扰我！"

喂，大家出来都是混口饭吃，你这个样子，以后让别人怎么配合你！

任何公司的业务部门，都是公司生存发展的命脉，其重要性不言而喻。可是，如果你仅凭这一点就认为所有人都应该围着你团团转，是不是有点儿太狂妄了？没有其他后勤部门的配合，你的业务能开展得这么顺利吗？你要是真这么有能耐，那你自己全部搞定，别拿我们产品部的劳动成果去跟客户谈判啊！仗着自己是业务经理，一口气能同时给你安排五个活，让他给事情排个优先级，他告诉你每个都很重要、都很急。

后来的我，终于明白了大家的想法：这种人是怎么当上经理的？光业绩好，就行了吗？就他这样的人，是怎么领导团队的？我们不是他的直接下属都被他折磨得快要疯了，他的部门下属岂不是每天都活得水深火热？内心不会想抽他两大嘴巴子吗？

这位业务经理自己天天爱加班到半夜不说，还总是拉着别人也拼命加班，然后还美其名曰：我这么做，纯粹是为了帮助你们进步啊！

喂，大哥，既然你这么热爱工作那你就工作到吐血好了，能不拉我们当垫背的吗？你的人生只有工作、工作、工作，我们的人生可是五彩缤纷呢。

我想这位经理根本就不晓得，他总是这样让别人不舒服，别人又怎么会总让他舒服呢？如果有人存心给你使绊子，原本简单的事情，为了为难你，偏偏不配合你、卡你，你说你闹心不闹心？

很多事情都是相互的，尤其是工作方面，大家都是为公司服务，你用什么方式待别人，别人也会用同样的方式待你。凭什么别人就得事事迁就你，而你可以对别人的求助视若无睹？如果人人都抱着怕麻烦的心态，那就什么都不用做了。

大家讨厌你，真的不是因为嫉妒你业绩好、是不是经理、挣钱有多少，而是因为你真的太自我了。你也不想想，为什么和你有过工作接触的同事、老板，久而久之，都会觉得你很招人烦？真的是大家都嫉妒你吗？

罢了。

如果有人对他说："麻烦你说我们嫉妒你的时候，先照照镜子好吗？"我想，他就算真去照了镜子，也会觉得自己是天下第一帅！

诚然，金无足赤，人无完人，我们不应该只盯着一个人的缺点和不足，那肯定是不公平的。可是，你要想让人喜欢你或是不讨厌你，至少你应该让你的优点远远碾压或是完全盖着你的缺点啊。如果你给大家展现的大部分品质都这么令人讨厌，大家怎么可能对你喜欢得起来呢？

上大学的时候，我在社团认识了一位学长，刚接触的时候觉得他人很不错，学习成绩优异，衣着整洁。有同学遇到麻烦事儿请他帮助的时候，他总会尽力帮忙，做不到的也不打马虎眼，而是第一时间告知对方这个忙他帮不上。照理说，这种敞亮又明白的人简直"男女通吃"，大受欢迎啊！可现实却恰恰相反，大家很难对他喜欢起来。因为他那张不会说话的嘴和一点儿幽默细胞也没有的特质完全掩盖了他那些优点的光芒。

每次他试图给大家开玩笑的时候，总是正好戳到别人的痛处。一次、两次，大家一笑而过，可以不放在心上，可你总这么口无遮拦，那就太不"上道"了。

有次社团一起聚餐，他大大咧咧地指着一位满脸痘痘的姑娘说人家脸上的坑深得吓死人，就连蚊子落到上面说不定都会崴脚。

大哥，你会不会说话呀！

人家姑娘本来就觉得自己脸上有痘有些自卑，为了祛痘还做了不少努力，虽然疗效甚微，但是并不能说明人家就不在意啊。姑娘当时就有些不开心，虽然给他留了面子没有当场反驳他，但是一晚上都带着小情绪，再也不说话了，只是埋头喝闷酒。而这位大哥不但完全没意识到自己说的话有多伤人，还转头又说起了一位头发稀少的男生，说人家："人未老，头先秃"……这顿饭吃得，因为他这几句不合时宜的玩笑别提有多尴尬了。

最后，学长看气氛越来越沉闷，竟然还说："喂喂喂，大家怎么都不说话了？怎么一点儿幽默细胞都没呢？我不过是开几个玩笑嘛！"

开玩笑？拿别人的痛处开玩笑好玩吗？如果别人也拿你的苦恼之处戳你的痛点，你也能全然无所谓吗？你不理解别人为了解决掉这些烦恼背后做了多少的努力也就罢了，还反过来说别人开不起玩笑？

真是太可恶了！

幽默的前提应该是尊重，而不是"嘲笑"。我的痛点，我可以自嘲，但不是可以让你拿来做谈资的"笑点"。把自己的不礼貌当作别人开不起的玩笑，真是够没品的。

这种情商低、不会说话的人，我想每个人都曾遇到过。另外，还有一种让人分分钟想打爆他的头的人——拿刻薄当耿直，拿口无遮拦当心直口快。

可拉倒吧！

什么是耿直啊，什么是心直口快啊！你要是不会说话，就别说话好吗？要是不理解这几个词的具体意思，就去查查字典好吗？

有的时候真的很想去和那些"缺心眼"的人解释清楚二者

的区别，但不听劝的人怎样都是说不通的。为了避免自己给自己找气受，我建议，还是离这种人远点吧！

我脸上的痘痘是蚊子落到上面都会崴脚，还是我"人未老，头先秃"跟你有关系吗？你是能帮我治疗，还是能对我的人生负责？

在我身上找什么成就感！

我的人生就算活得再怎么糟糕，也用不着你老人家替我操心。管好你自己就行了，别总对人指手画脚的。而且，你都说我开不起玩笑了，我黑脸怎么了？就是不想理你了，怎么着吧？惹不起，我还躲不起吗？我就不理解了，你把别人整得这么闹心，你自己开心吗？

你凭什么带着满满的优越感来评价我，谁给你的权利和自信？

自媒体时代，只要颜值高、会抖包袱就有可能成为明星。在看脸为王、小鲜肉盛行的娱乐圈，却有一位男明星凭借自己的"高情商"俘获了一票粉丝，就连台湾第一美女志玲姐姐都说自己的理想型是他——黄渤，理由是他能让人快乐。

呵，你还真别以为志玲姐姐说的是客气话，情商高、会说话真的可以让一个人闪闪发光，而女孩子要的不就是快乐吗？

说起黄渤老师，大家一直把他往"实力派"上挂，因为比起其他男明星的漂亮脸蛋，他的脸确实算不上有多帅气。可是跟他有过接触的人，无不觉得跟他相处起来没有压力，很舒服。

据说有一次，黄渤和闫妮一起出演一对夫妻。闫妮对黄渤说："我跟你演夫妻，我就知道我要走向丑星的行列了。"闫妮说这句话的本意可能只是为了自嘲，却一不小心把黄渤也带沟里了，可是黄渤却并没有表现出尴尬的表情，而是立马回应道："我跟你演，我觉得我要走向帅哥的行列了。"

不得不说，黄渤真是说话高手。短短一句话，不仅肯定了闫妮的美貌，也给自己解了围，完全是既夸了别人又夸了自己，轻轻一个回转，就把问题解决了。

说话的确是一门艺术，能把话说得让别人舒服，更是难上加难。我相信，黄渤老师之所以能取得现在的成绩，除了他自身的实力外，让别人觉得舒服也是很重要的原因。

有些事情，看似毫无关系，可别忘了一只南美洲亚马逊流域热带雨林中的蝴蝶，偶尔扇动几下翅膀，可以在两周以后引起美国得克萨斯州的一场龙卷风。"蝴蝶效应"带来的意外收获，常常是你始料未及的。所以，当你让别人处在一种舒服的状态时，你的形象自然而然也高大起来了。以后，若是有合适的机会，同样的条件下，你还怕别人不优先选你吗？

毕竟，没人喜欢给自己找不痛快，谁都想与能让自己开心的人交往。你给别人使绊子，对别人冷嘲热讽，其实也是堵住了自己前进的路。

与人方便，自己方便。

说到这儿，我想起一个很出名的小故事。话说有一天，一位盲人夜晚要出门办事，可是外面黑漆漆的，他就提了一盏灯。他的朋友看见就不解了，问他："提上灯笼你也看不见，何必还要提呢？"盲人说："对我来说，提不提灯笼都无所谓，提上它甚至还有些累赘与不便，可是我只要提上它，就能照亮前方的路，方便其他走夜路的人呀！如此一来，他们迎面走来的时候，就能看见我，不会撞到我了。"

是啊，赠人玫瑰，手有余香，说的正是这个道理。

一位40多岁衣着优雅的女人领着她的儿子走进一家著名的企业大厦的楼下花园，并在一张长椅上坐下来吃东西。不一会儿，女人往地上扔了一个废纸屑，不远处有个老人正在修剪花木，他什么话也没有说，径直走过去捡起那个纸屑，把它扔进了一旁的垃圾箱里。过了一会儿，女人又扔了一个废纸屑。老人依然没有说话，而是再次走过去把那个纸屑捡起来，扔到垃圾箱里。就这样，老人一连捡了三次。

这时，女人指着老人，对儿子说："看见了吧，你如果现在不好好上学，将来就跟他一样没出息，只能做这些卑微低贱的工作！"

老人听见女人这么说，遂放下剪刀，过来向她询问道："您好，这里是集团的私家花园，外人不得擅入。请问您是怎么进来的呢？"

女人高傲地说："我是刚被这家企业招聘来的部门经理。"

这时一名男子匆匆走过来，恭恭敬敬地站在老人面前，对老人说："总裁，会议马上就要开始了。"

老人说："我现在提议免去这位女士的职务。"

男子连连说："是，我立刻按您的指示去办。"

老人吩咐完后，径直朝小男孩走去，他伸手抚摸了一下小男孩的头，意味深长地说："我希望你明白，在这个世界上最重要的是学会尊重每个人，以及每个人的劳动成果。"

结果不言而喻，女人当场傻眼。

其实，不妨换个角度看，如果女人一开始就知道老人是谁的话，她还会这么无礼吗？决定一个人在另一个人心中的高度，从来不仅仅是财富和地位，还有你给予他人的尊重与舒适。

人家没有招惹你，你何必牙尖嘴利，咄咄逼人呢？墨子说："恋人者，人必从恋之；害人者，人必从害之。"你把别人踩在脚底下，不但不会显得你有多高贵，反而彰显了你的浅薄和无知。

如果你接触过那些真正优秀的人你会发现，越是德高望重，越是让人相处舒服。即便你只是一个名不见经传的小人物，他们跟你说话的时候也态度温和，谦谦有礼。你说的话，即便有一两句不得体，他们也不会忽略你、无视你。这样的人，怎么可能不赢得别人的爱戴，怎么可能不让别人喜欢呢？

以小见大，见微知著。

尊重每一个人，尊重发生在别人身上的每一件小事。你不是他，怎知他走过的路？你不是他，怎知他经历过的酸甜苦辣？不要妄自评论别人，与人相处，彼此开心最重要。

请相信，你的高度取决于你给别人的舒适度。

人可以善良，但要有锋芒

问个问题：假如有人莫名其妙地给了你一巴掌，你是不与傻瓜论长短，还是毫不犹豫地还回去呢？

面对这种问题，我们从小接受的教育大多是要宽容大度，要得饶人处且饶人。当遭受不公平待遇的时候，打回去又有什么意义呢？除了让自己也变成一个低素质的人，能让对方打你的那一巴掌消失得无影无踪吗？对方已经给了你一巴掌，就算你打回去，也已经失了自己的风度，这样值得吗？

我想说：值得！

另外，你们可不可以不要曲解"风度"这两个字？照你们的意思，别人伤害了我，我还要捂着伤口说："没事没事，我的风度和教养不允许我和你们这种人一般见识。"

可得了吧！

你以为你这样做，人家就会觉得你是一个高素质的好青年？

别做梦了，指不定多少人觉得你是个怂包呢！

新闻上隔三差五总会爆出因为公交车上不给老人让座而无端被指责、谩骂的事。说实话，一开始我是不相信社会上还有这种人的，总觉得是那些记者没新闻可写了吧，该不会是胡编乱造吧？直到我的朋友真的遇到了这种奇葩的事。

那天朋友恰逢生理期，忍痛硬扛了一天的工作，好不容易熬到下班，身体已经疲惫到极致的她，上了公交车之后就昏睡了过去。迷迷糊糊中，她感觉有人在捅她，她以为是到终点站了，睁眼一看，她是被人故意弄醒，要求她让座的！

朋友说，她怎么看，那个弄醒她的人都不像是一个年事已高的老人，因为对方让她让座的时候嗓门老大了，底气特足。朋友婉转地表示自己身体不舒服，怕是没法让座。这下子可惹毛了那位老人了，对方就在公交车上开始咋咋呼呼地骂开了："现在的年轻人啊，素质差得没法说，年轻轻轻的，不知道尊老爱幼啊，看见老人直挺挺地站在你面前，装睡不说，醒来也不让！什么人啊……"

朋友也是火爆脾气，听老人越骂越难听，当场就反驳起来："第一，我今天的确是身体不舒服；第二，就算我身体舒服，给你让座是我好心，不给你让座我也没什么错！你有什么权利对我道德绑架！"

那位年纪不大的老人一看朋友竟然敢跟她反驳，更来劲了，一边扯着旁边的人寻求同盟，一边更加大嗓门地说："看看，看看，现在的小姑娘都什么素质，嘴巴这么厉害，以后嫁了人也会闹得婆家鸡犬不宁，谁还敢要你哦！再说了，谁还没有老的那天，等你老了就知道了。"

朋友听老人如此损她，肺都要气炸了，正欲还击，旁边的人看不下去了，起身给老人让了座，并和气地对老人说："你看这个丫头脸色发白，可能真的是病了。"老人不就着台阶下也就罢了，气焰依然很嚣张，直接回了句："身体不舒服坐什么公交呀！"

天啊，瞧对方那刻薄样儿，不是老人变坏了，而是坏人变老了！

朋友再顾不上什么"尊老爱幼""淑女教养"，直接拿出东北妹子要干架的气势："我告诉你，像我这样的人就算一辈子嫁不出去，也不会嫁进有你这种婆婆的家！为老不尊，倚老卖老！身体不舒服，就不该坐公交是吧，那您老了腿脚不方便，出来瞎溜达什么呀，老实在家待着就完了，知道自己出门需要坐着才行，你老人家咋不打车呢？还说我们没素质，真正没素质的人是你才对吧！也不拿镜子照照，自己一身红毛，还说别人是妖精，什么素质！"

朋友说，她当时一口气说完这些话觉得心里爽极了，恰逢公交车到站，她就下车了。

后来听她说起这件事，我还调侃她："你这个样子要是被拍下来放到网上，绝对火爆，光是新闻标题就能带来不少流量——大学生拒绝让座不说，还和老人公开对骂。"

玩笑归玩笑，我是双手赞成朋友的做法的。

我看你年事已高，让座给你，是我的善良，而不是我就该给你让座，我不给你让座就是我不对。

凭什么呀，大家都是平等的人，谁比谁高贵多少呢？谁给你的权利和优越感，让你动不动就站在道德的制高点来对别人进行道德绑架呢！

你知道自己年龄大了，出门不便，为什么不挑个空闲一点的时间段出门，非要找上下班高峰让别人给你让座呢？你自己没有安排好出行计划，为什么要让别人给你买单？

众所周知，春运的火车票是一年当中最难抢的，而我因为离家比较远，每次回家都要坐20多个小时的火车，所以我们都是求爷爷告奶奶，发动身边所有能发动的朋友熬夜帮我抢卧铺票。

万一实在抢不到卧铺票怎么办？实在抢不到就坐硬座呗！

记得有一次，我好不容易抢到一张卧铺票，正好是下铺。正要脱鞋子上床休息的时候，一位带孩子的妈妈一屁股坐到我的铺位上，对自己约莫有五岁的孩子说："儿子，咱们就睡这儿了，好不好？"儿子大概是困极了，就呆呆地点了点头。母亲看儿子没有异议，这才想起来问我这个"主人"的意见："小姑娘，你年纪轻轻的，不会有意见吧？最上面就是我们的铺位，你可以上去睡。"然后，还没等我同意，就自顾自地将孩子一把捞上床，准备躺下了。

我真的快要气炸了！

您带孩子出门不方便睡上面，一时买不到下铺票，现在想找人换个下铺，这都可以理解，给您换也就换了，不是什么大事。可是您能好好说话吗？您要搞明白，是您求我帮忙，不是我求您，别用那种趾高气扬的态度给我说话！您以为您是谁？您说换，我就必须跟您换？您不容易，那您知道我为了这张下铺票熬了几个晚上，求了多少朋友帮忙吗？就您的需要重要，我们的需要就无所谓了，是吧？

说到底，这些人都是被人给惯得。真正好好说话的人，根本不会随便提出这种麻烦别人的要求。

至于是哪些人将他们惯坏了呢？当然是那些面对对方的无礼要求，选择妥协的人。就是这些"有风度、好说话"的人不跟他们计较，所以他们才一而再再而三地觉得自己是对的，自己没错。换个角度来看，所谓的"宽容、不计较"，岂不是助长了他们的嚣张气焰？

惭愧，虽然我说得振振有词，但当时我面对对方的强行换铺行为，也没有据理力争。一是我看那孩子，确实困得不行了；二是母子二人已经躺在床上了，考虑到个人卫生，我也只好作罢。

俗话说，宰相肚里能撑船。抱歉，我不是宰相，我不需要撑船，我怕硬撑，会撑死我自己。一个人的风度确实能显出他的教养，但风度绝不意味着一个人可以任人欺负。

女孩子在考虑择偶标准的时候，"风度翩翩"都会成为加分项。可是有的时候我真的很想替男性同胞申诉一句，什么叫作风度翩翩？

单位有一个女同事，部门联谊的时候，其言行简直震碎我的三观。参加活动前，负责人就已经说好了费用 AA 制，可那女孩却觉得有男生参加，还让女生掏钱，这像话吗？说如果一同参加的男生同意女生也掏钱就是没风度，就是不大气，还说男生就该有担当，主动承担起自己身为男生的责任。然后又鼓动其他女生也不要掏钱，其他女孩生不认同她的看法，坚持掏了钱，她就说这些女生不懂事，不给男生面子。

我的天哪，这都什么调调哦！

活动的规则之一就是 AA 制啊，这是事先都已经说好的。

您要是不想掏自己那份钱，您可以不参加呀。再说了，那些男生跟您有什么关系，凭什么要替您掏钱？

您这是绷着"我是女人，我就该占便宜"的嘴脸，硬生生地丢我们女同胞的脸呀！求求您，若是真不想出钱，就别参加了。您不参加，没人笑话您。您对男生的赤裸裸的"道德绑架"，才叫人不齿呢！

当然，发生在她身上的"奇葩"事不止上面这一件。

公司有个组长，是出了名的"老好人"，和谁都和颜悦色的，遇到什么争执、矛盾，都能"和而不同，有容乃大"。公司的人从来没见过他和谁发过火，更别说对女人了。

可就是这么一个好脾气的人，愣是被我们这位"奇葩"女同事激得两个人在办公室就吵起来了。能让我们的"好老人"都忍无可忍，那该是多么"神奇"的事！于是大家纷纷竖起耳朵，打探是什么情况。

原来，是利益分配不公惹的祸。

公司领导安排了一项任务，说任务完成了奖金很丰厚，但缺点也很明显，那就是不但会很累，而且还需要经常熬夜加班。

组长被任命为主要负责人，选了几个手下都是男同胞。一看这分配，这位女同事当场就不乐意了，说有这么大的好活为什么不带上她。组长解释说："因为工作量比较大，经常需要熬夜加班，考虑到你是女孩子，所以就没有安排你参与进来。"
这位女同事拍着胸脯说："男女平等，你怎么能歧视女性呢？
男生能干的，我也能干！"

组长见她这么积极，就把她也报上去了。

可不曾想，等到真正干活的时候，这位女同事不是说自己
太累了想早点回去休息，就是家里有事，实在没办法留下来加
班，或是朋友从远处而来，她要尽地主之谊……总之，每到组
长让大家留下来一块儿赶进度的时候，她总是有各种各样的理
由先行撤退。这还不说，有一次，早就提醒她该上交的数据，
她愣是拖到第三天才交，严重影响了整个团队的进度。组长找
她谈话，说："如果你实在忙不过来，就把手头的工作交接一下，
退出这个项目吧。"她不但不觉得自己拖慢了大家的进度很抱歉，
还大言不惭地说："我晚上还要回家照顾孩子，体力确实跟不
上你们男的啊！再说了，你们这么多男的就这样欺负一个女的
吗？就不能帮我弄一下吗？"

组长做事一向认真，本来就对她拖拖拉拉的工作态度一忍
再忍了，既然她忙不过来，劝她主动退出已经是给她留足面子了，
她不感恩罢了，还指责他们男的没有同情心，欺负她？

大姐，您有没有搞错啊！
不是您说"男女平等"，硬要参与进来的吗？怎么轮到干
活的时候，您开始说您体力跟不上了？我就纳闷了，您这样子

前后啪啪打自己脸，不觉得疼吗？

我当时听完就觉得，能不被她这番言论激怒的，只有如来佛祖了。果不其然，一向和颜悦色的组长直接怒了，当场向她拍了桌子，告诉她："能干就好好干，不好好干就滚蛋！"

组长霸气！
组长威武！
组长帅呆了！

尊老爱幼，女士优先，这是中华民族流传几千年的美德。不是不能礼让，不是不能有风度，而是在让别人礼让你之前，你先做好你应该做的。尤其是男人的风度，更不要随便乱用。

我有个学妹，觉得一个学长有风度又乐于助人，不由得对学长芳心暗许。学妹每次有事情找学长帮忙，学长都会亲力亲为。大家一起出去玩，这位学长对学妹也是嘘寒问暖，关心备至。久而久之，这就让学妹产生了误会，以为学长对她也有好感。直到她傻傻地，向对方表白时，才知道学长所做的一切不过是出于男生应该照顾女生的社交礼仪而已。

我举上面这个例子，并不是说男生应该收起所有的风度，而是说男生应该搞清楚风度和殷勤的界限在哪里。不要光自己在那里心安理得地展示自己的风度和教养了，却给真正敏感的人造成困扰。对很多女生来说，你不喜欢她，就不应对她这么好！

古龙笔下有个人物，名叫李寻欢。李寻欢有一秘密兵器——飞刀，飞刀出鞘，百发百中，所以江湖人又称其为"小李飞刀"，小李飞刀不仅武功高强，还重情重义。他在一次危难之际，得蒙武林高手龙啸云所救，遂与其借结为异姓兄弟，两人歃血为盟，彼此许下诺言：不求同年同月同日生，但求同年同日死。原本两个人是可以好好做兄弟的，然而不幸的是，龙啸云对李寻欢从小青梅竹马并深爱着的林诗音一见钟情，遂产生私欲，想要占为己有。于是，龙啸云横刀夺爱不说，还设计陷害李寻欢！

而重情重义的李寻欢当时怎么做的呢？美其名曰：牺牲自己，成全他人。可结果呢？却是毁了三个人的幸福。在李寻欢的认知里，江湖义气大过天，眼看着自己最爱的人被别人抢走了，还愣是保持风度不去挽救。

保持风度，保持个鬼！

看得人恨不得钻进电视里，将李寻欢打一顿才解气！

你倒是对得起兄弟结义了，可是你想想他是怎么对你的？他把你逼得远走他乡的时候，想起你是他的结义兄弟了吗？他把你心爱的女人抢走的时候，想起你是他的结义兄弟了吗？

别人都把你伤得体无完肤了，你还讲什么江湖大义？

迂腐！

在众多"知名人士"面对伤害自己的人的态度时，我更欣赏岳云鹏的做法。在一次采访中，岳云鹏向主持人讲起了他学相声之前的一次经历，说他那个时候在北京某个餐厅打工做服务员，有一次他不小心给客人多算了两瓶啤酒的账，也就是6元，结果客人勃然大怒，虽然他不停给对方道歉，还主动说可以给客人免单，也就是连餐费352元都免了，但是客人依然不依不饶地对他破口大骂，一直骂了他几个小时，期间更是对他各种侮辱。最后，他因此被开除了。他说时隔多年，他一直记得这件事，即使他已经成为相声界的新秀，已经有所成就，可是他说起这件事的时候，依然难过地流下了眼泪。

主持人问他："你现在再想到这些事的时候，心里浮现出来的是悲伤还是气愤？"

岳云鹏犹豫了很久，最终说："我还是恨他。"

这次采访播出之后，很多人表示不解。你都已经功成名就了，何必跟他置气呢？换个角度说，你不但不应该恨他，反而还应该感激他，要是没有他，你不会被开除，你要是没有被开除，你会认识郭德纲吗？你会学相声吗？你不学相声，你能有今天的成就吗？

什么狗屁道理！

你伤害了我，我还得感激你？

到底是我病了，还是人心病了？

我自己辛辛苦苦，勤奋努力换来的成就，我不感谢自己，我去感谢一个曾经伤害过我的人？

凭什么呀！

如果单凭感谢伤害过我们的人就能获得成功，那我们干脆都不要努力了，天天求伤害，天天哭喊着：求您赶快伤害我吧！您不伤害我，我没法成功啊！您不伤害我，我没有成功的动力啊！

可笑至极！

对于伤害过自己的人，能原谅就原谅，不能原谅也不能说你就错了。每个人都有处理自己所经历的事情的方式和想法，并不是跟他人不同，自己就特立独行，有违伦常。特别是那些只会躲在键盘后面，对别人的人生指指点点，说别人不够大度的人，你们又有多大度？素质又有多高？

己所不欲，勿施于人。

你自己都做不到的事情，凭什么要求别人就得做到？

不说别的了，就拿网上经常发生的骂战说起，当你因为一些原本跟你的生活毫不相干的事情而与别人起争执的时候，如果别人毫无风度、毫无教养地对你进行谩骂，你闹心吗？你是不是会觉得特别憋屈呢？你是骂回去，还是保持风度，恶心自己？如果骂回去，岂不是显得你跟他们是一类人了，显得你没教养了？如果不骂回去，你又咽不下这口气！你内心纠结不已，好像怎么做都不对！

不，从一开始你就错了。

真正的风度，是根本不会陷入评判他人生活的漩涡。

现在的明星不像以前那么谨小慎微了，遇见黑自己的"键盘侠"，也敢回骂了。可是明星一张嘴骂回来，那些黑粉和不明真相的路人又不乐意了，说什么你作为一个公众人物，怎么能和素人对骂呢？你的气度在哪里，你的教养在哪里？你想过自己骂回来，会给社会带来多么恶劣的负面影响吗？

是的，我们从小所受的教育告诉我们：骂人是不对的，骂人不是好孩子。

可是，你仔细想过吗？那些被骂的明星为什么会回击呢？明明是人生毫无交集的人，那些喷子却用最恶毒的语言去攻击他们的家人、孩子，甚至"P"出他们的遗照诅咒他们怎么不早点死！还有更恶毒的，诅咒怀孕的明星胎死腹中，绝子绝孙！说这些话的人，我想问问你，他们真的伤害过你吗？

因为他们是公众人物，就活该受你的辱骂、诅咒也不能回击半句吗？他们也是人，他们挣的钱也是用自己的辛苦劳动换来的，与你何干？他们是吃你家大米，还是花你家钱了？

你心里戾气这么重，不怕半夜走路遇见鬼吗？

你都知道心里不爽就想发脾气，难道他们没有想发脾气的时候吗？他们明知道公开发布不好的言论，可能会给自己带来负面影响，可还是去做了，那还不是被逼急了吗？

那些能对服务员温柔道谢，顺手接过递过来的传单，进门的时候主动扶着门让后面手拿重物的人先过去，在别人遇到麻烦能尽绵薄之力的人，都是有教养的人，能让人感觉温暖的人。

怕只怕我们把这些好心用错了地方。对那些动不动就对别人进行道德绑架、毫不讲理、仗势欺人的人，我们真的没必要浪费自己的风度。

虽然我一直相信贱人自有天收，但是老天如果真的不开眼，让贱人得意更猖狂，我们也不必懊恼。山外有山，人外有人，总会有人让他们求饶，总会有人治得了他们。

人可以善良，但要有锋芒。

对于过分的人，不要消耗自己的善意和风度。

做个被自己喜欢的人

小川是一名记者，关于她想成为记者这件事，从她上高一那年就开始了。

高一，第一次月考政治成绩不及格，为了提高自己的政治分数，小川每天都要看一个小时的新闻。

高二，文理分班，在理科分数高于文科100多分的情况下，小川毅然地选择了文科。整年下来，小川的成绩在班里一直处于中等偏下。

高三，高考结束后，录取通知书迟迟不下，家人再三逼问，小川才说明自己所有的志愿填写的都是"新闻学"。

大一，小川如愿以偿地考上一所二本大学的新闻专业，虽然每天早出晚归地出入图书馆，但还是因为专业成绩没有得到100分而沮丧。

大二，小川成为校报记者，将自己最大的热情投入进去，同时因为能去电视台做一份递话筒的工作而兴奋不已。

大三，实习期间，小川因拒绝接受家人介绍的相对安稳的工作而不惜和家人闹翻，而后独自一人去了北京。

大四，毕业。小川找到一份北京广播电视台驻外记者的工作。

不难看出，小川走的这条路并不轻松。我曾问过小川是怎样坚持下来的，她说："在我知道自己的梦想后，我所做的每一件事都是在为实现梦想而努力。如今，我正在做自己喜欢的事，努力成为自己最想成为的人。我怎么会不坚持呢？"

对，当你为了成为自己想成为的人而勇敢地迈出第一步，付出种种努力后，就不知道"放弃"是什么了。因为，如果你轻易就选择了放弃，就等于"辜负"自己在布满荆棘的路上所吃的那些苦，所受的那些伤害了。所以，不到万不得已，不要轻言放弃。

看到小川，回头想想我们自己，我们是否也在为实现自己想过的人生而努力呢？听说世间只有一种成功，那就是按照自己喜欢的方式过一生。

可是，口号易喊，行动却难。

大道理我们都懂，就是做不到。

为什么？

恐惧、担心，受不了……我们害怕自己和别人不一样，我们担心自己被排挤，我们受不了在按照自己喜欢的方式过一生的路上孤军奋战。

因此，为了不成为一个别人眼中的"怪人"，为了合群，我们选择成为大多数人中的一员。可是我们却忘了，当一个人努力融入一个原本不属于自己的圈子时，那种迎合的样子有多丑。

我有一个朋友，姑且叫她小 A 吧。小 A 大学毕业后的第一份工作，是在家人的介绍下，去一家 4S 店做销售内勤。没想到上班第一天，小 A 就因为复杂的人际关系而苦恼不已。

因为小 A 是因人介绍而来，所以刚上班没多久，大家就纷纷向她打听她到底和哪位大领导有关系才来店里上班的。那时候小 A 刚毕业，对办公室的"生存法则"完全不知道，就有一说一，毫无保留地对大家说明了自己的情况。当大家了解到小 A 并没有什么过硬的背景后，就开始对她表现得很冷淡。

同事们聊的话题，小 A 常常插不上嘴；大家偶尔聊起一些办公室八卦，小 A 又完全不想参与。所以，在很长一段时间里，小 A 都没有办法融入集体。既然正面迎合不行，小 A 就想了一招——"曲线救国"。

自此，每天的午餐时间，小 A 都特别热心地帮同事订餐；吃完后，她还勤快地帮大家收拾食物残余。偶尔有人忙过不来，小 A 也不管自己的工作有没有做完，统统来者不拒。久而久之，小 A 成了办公室的"便利贴"女孩。果不其然，小 A 这样"乐于助人"以后，她的"人际关系"大有改善，办公室时常能听到有人叫小 A 的名字。呵，这不是摆明了把小 A 当免费佣人吗？

有一天，小 A 正在为自己的工作忙得不可交，根本没有时间帮同事订外卖，就让那位同事自己解决自己的午饭。同事一向使唤小Ａ惯了，见小Ａ忙得根本看都没看自己一眼，就很不屑地说："你那个工作又没什么技术含量，有多重要啊！不就让你订个餐吗？连这个时间都没有啊！"面对同事的嘲讽、挖苦，小Ａ终于在忍气吞声中爆发了。

"既然那么简单，你的午饭就应该自己解决啊！我一直帮你，不代表你什么事都可以使唤我。而且，我的工作再怎么不重要，与你何干？要知道，给我开工资的是老板，不是你。"

就这样，小Ａ和同事在办公室大吵了一架。公司对两人在办公室闹"不团结"的处理结果——记过处分，下达那天，小Ａ正式结束了自己的"便利贴"生活。

小Ａ说后来她想通了，大家只是工作伙伴，不合群就不合群吧，没有必要非要做朋友的。于是小Ａ开始把全部精力都投入到工作中，不但业绩直线飙升，工作不断地被领导认可，而且还在一年之内实现了升职加薪的"三级跳"，先前看不起她的同事也纷纷向她示好。

你看，你努力讨好别人，并没有让自己获得尊重与认可，反而是自己变得优秀之后，之前求而不得的东西全都自然而然地来了。

因此，与其勉强自己去追一匹马，不如用追马的时间种草，待到春暖花开时，自会有大批骏马驰骋在你的草场。

孤独并不可怕，可怕的是为了避免孤独而勉强自己做一些根本不喜欢的事。一辈子这么长，如果总是在做自己不喜欢的事情，容许自己变成最不想成为的那个人，不会觉得自己白来人间走一遭吗？

你喜欢吃糕点，一直梦想成为一名能做出各种各样精致点心的西点师。可是别人告诉你："不行呀，你上了那么多年学，难道就是为了做个厨师吗？"

世界这么大，你想去看看。可是有人跳出来说："哎呀，现在这世道坏人这么多，万一你不小心遇到就完蛋了。你父母含辛茹苦把你养这么大，你这样不管不顾地一个人出去玩，太任性、太不负责了。"

你爱好民谣，喜欢弹着吉他唱着歌。隔壁的二大爷念叨你："现在的小年轻呀，太不安分了，整天拿着个破吉他能有什么出息！"

就这样，你压抑着自己的渴望，小心翼翼地变成了别人想要看到的样子。

喂，你不觉得自己这样活着很累吗？想去游泳就去啊，在乎什么身材好不好、有没有肚腩呢？想去唱歌就去啊，就是唱跑调了又怎么样，你自己开心就好了。

别人的期望是别人的，你只管做好自己就好。

这个世界上差不多所有的烦恼都可以用两句话解决："和

你有什么关系？""和我有什么关系？"

我想做什么是我的事啊，只要不违法乱纪，只要不伤害别人，我高兴怎么着就可以怎么着啊，和你有什么关系？

表姐从小就喜欢画画，但是当时家里经济条件有限，所以她并没有受过专业的画画指导。可是，这一点儿也没影响表姐对画画的热爱，她通过自学，画什么像什么。有人说，表姐的这种无师自通的画技就是传说中的绘画"天赋"。然而事实是，无论工作多忙，表姐都坚持每天画画，发了工资后的第一件事就是买绘画用的工具。

表姐是真的喜欢画画，她的梦想是成为一名职业插画师。有时候，她会给杂志社投稿，退稿之后换家单位再投，再投再退，再退再投……就这样，表姐一直为自己的梦想努力着。

对于投稿一而再再而三地失利这种事，表姐自己并没有觉得丢脸，她只是想为自己多争取一些机会，看看会不会有人喜欢自己的画作。可是，她受不了身边那些看似安慰实则冷嘲热讽的腔调：

"画画能成什么大气候啊！你呀，与其有时间在那七画八画的，干点啥不好呀。你看，你就是画了，不也没人用吗？费那神干啥呀！"

"哎哟，虽然我承认你画得不错，但那也只是比我们强啊。我觉得吧，你还是安安生生地上班，过好眼前的日子要紧。画什么画啊，这么烧钱也没见有啥回报，何必呢！"

"梦想很美好，现实很骨感。你呀，要是能把用在画画上面的心思放到自己的本职工作上去，至于还像现在这么苦哈哈的吗？还是早点认清现实，赶紧放弃算了。"

……

面对着大家"善意的规劝"，表姐一方面越来越怀疑自己，一方面越想证明给大家看自己并不是眼高手低。在这种内忧外患的双重夹击下，表姐给自己的压力越来越大，画出来的东西也越来越差……情绪崩溃的时候，她甚至想把关于画画的东西全都扔掉！

幸好表姨比较开明，她劝导表姐说："你喜欢画画，是因为自己喜欢，还是为了和别人证明自己厉害呢？虽然都是在努力，但是想法不同，结果可是千差万别呀！如果是自己喜欢，画起来是身心舒畅，志得意满。可是如果只是为了给别人看，那就是跟自己较劲了，画起来自然是乱七八糟，不知从哪儿下笔。你想，如果初心变了，结果还能一样吗？"

经过表姨的一番开导，表姐终于想通了。她重拾画笔，继续画画，虽然距离成为一名职业插画师还有一段距离，但是她再也不想因为别人的看法而放弃自己的梦想了。

就算全世界都不认可你的梦想，又有什么关系呢？人这一辈子，最难的就是找到自己喜欢做的事，并且愿意为之去努力、去奋斗。那些总是抨击别人的梦想的人，往往都是一些找不到自己喜欢做的事的人。他们之所以如此打击你，难保没有害怕你的成功会让他们显得平庸无比的原因。

有时候觉得人生好神奇，一边觉得漫长得看不到边际，一边又觉得怎么过都是浪费。与其碌碌无为还安慰自己平凡可贵，不如趁着还年轻，去做你喜欢做的事，去成为你想成为的人。

做个被自己喜欢的人，光是想想就会觉得是一件酷毙了的事。

然而，很多人却在追梦的路上，弄丢了自己。

"我是家里的独生女，我要是不守在父母身边，他们会不放心我的。算了，我还是回老家吧。"

"我男朋友总说我事业心太强，不够关心他，可是如果我不努力，我的梦想岂不是遥遥无期了？好难哦，工作和爱情好像难两全……"

"哎呀，你一个女孩子，干得好不如嫁得好，那么费劲干吗？什么梦想不梦想的，说到底都是想过好日子呗！"

……

每当你想努力，咬紧牙关想坚持的时候，总会有一些打着"关心"旗号的人阻拦你。于是，为了讨好爸妈、讨好另一半，你不得不放弃自己追梦的脚步，你害怕他们会因此而讨厌你。

张爱玲在送给胡兰成的照片背后，题道："当她见到他，她变得很低很低，低到尘埃里，但心是欢喜的，从尘埃里开出花来。"

可是，你有没有想过，当你一再为他人失去自己的原则时，你还是你吗？人首先要爱自己，才能被人爱啊！

有个朋友一直是一个有思想、有抱负的女孩子，她知道自己想过什么样的生活，把日子经营得充实又快乐，偶尔约上朋友聊天，偶尔回家陪伴父母。

这种洒脱随性、特立独行的气质让她的男朋友对她一见倾心。然而，不曾想，这个女孩子恋爱后整个人都变了。她把生活的重心全都放在了男朋友身上，总是缠着对方和她聊天，为了和男朋友有更多的时间在一起，甚至不顾男朋友正在忙着加班也要无理取闹地让对方陪着自己。对方稍有忽略她的地方，她就开始患得患失，不是想着男朋友不爱自己了，就是怀疑自己是不是哪里做错了。她知道这样子不好，可就是控制不住。

后来，她的男朋友觉得跟她相处实在太累了，遂提出分手。

这个结果丝毫不让人意外。

一个在爱情中迷失自己的人，一旦失去最初吸引对方的优点，变得连自己都不喜欢自己，怎么可能留住对方呢？

他爱你的时候，你就是那个样子，你只要做自己就好了呀。

为什么遇见爱情，就把自己变得那么讨厌，为什么不能做个被自己喜欢的人？

刘若英在《我敢在你怀里孤独》写道："一个人生活不代表不能取悦自己。"当她自己一个人的时候，她知道去哪里买一人份的香槟；当她失恋的时候，她知道如何去疗伤。她经常一个人吃饭、逛展、看电影、唱KTV，"买一块电毯，点一盏夜灯"度过一个人的寒冷冬夜。她说"这些事我一个人就可以完成"，话里没有半点逞强。

　　即使已经结了婚，刘若英还是保持着自己独处时的习惯。她将自己和先生的书房安置在家里最远的对角线两端。夫妻二人偶尔一起出门看电影，却也能到不同的影院看各自想看的电影。

　　好的爱情大抵都是如此吧。我们携手并进，各自成长。我努力不是为了讨好你，也不是为了改变你，而是想用自己的丰富有趣使你的生活变得更加多姿多彩。

　　在广告公司上班的我，最常听到的甲方的要求就是"特色"二字。客户总是一再强调："我们要做自己的产品，一定要突出我们区别于竞品对手的核心点在哪里呀！"

　　你看看，现在的品牌多注重创新，就连广告宣传都不再屑于去模仿、去跟风，而是希望能在同类竞品中，杀出一条自己的"血路"。

　　可是，为了迎合这个世界的大多数，我们常常忽略自己内心的声音。我们被惯常的思维牵引着去做自己不喜欢的事，将自己的梦想埋葬在这个世界的烦琐事务中。

我最亲爱的，你怎么忘了，别人安排的路再怎么平坦，你不喜欢也是枉然。我们努力活着，不是为了复制别人的人生，按照别人的意愿活着，而是创造独一无二的自己。

所以，无论何时，请你永远勇敢地做自己喜欢的那个人。

一辈子很长，要变得有趣

王小波说："一辈子很长，要和有趣的人在一起。"看似简单，实际上要活得"有趣"是一件非常难的事。在漫长的人生岁月中，我们惯常的生活就是从学校到家的两点一线变成从单位到家的两点一线。我们觉得这样的日子乏味透了，无聊透了，简直跟理想中的"有趣"相差十万八千里。

我们不甘心一生就在这样波澜不惊的日子中蹉跎，可又不敢轻易改变。我们怕失败，怕被嘲笑，怕连当下的安稳也守不住。于是，一边哀叹生活的庸常，一边故作深沉地说："怎么活都是一辈子，想那么多干吗！"

就拿我来说吧，不用看日程表我就能知道自己下周的行程，甚至下个月的行程也一清二楚。是我脑瓜有多聪明吗？记忆力超群吗？不，我只是和你一样，也在过着日复一日、年复一年的生活。我们读了很多旅游杂志，也看过很多人的浪迹天涯，我们一边羡慕着别人的潇洒，一边朝九晚五地过着按部就班的生活。我们觉得自己的人生之所以乏味无趣，都是因为我们没有出去流浪。

我们觉得，只有走出去才能有广阔的人生。

可是，我们却忘了，别人眼中的诗和远方其实正是我们现在的苟且。哲理有云："生活中并不缺少美，只是缺少发现美的眼睛。"只要我们愿意将自己变得有趣，即使平淡的日子也会过得趣味盎然。

你发现自己每天上下班走的那条路，即使没有灯，你也能安然回到家。熟悉给你带来的固定思维，让你不愿意再在这么简单的事情上多花费一点心思。然而，只要你用心观察就会发现，昨天还在含苞待放的花蕾，仅仅过了一夜，就全都绽放了。当你感受着生命的这种不同凡响的新奇之后，是不是心情也跟着顺畅起来了呢？

有趣，就是发现并感悟生命中不一样的美。和有趣的人在一起，你会觉得生活中除了柴米油盐，还有诗情画意的存在。和有趣的人在一起，你会觉得时光再也不是单调的重复，而是柔软得让人沉醉。

因为工作的关系，我认识了一位甲方对接人，并且加了对方的微信。

我特别喜欢看他在朋友圈晒他和女朋友的日常。作为一只资深"单身狗"，平常看到有人在朋友圈秀恩爱，我总是心怀"恶意"地说他们一天天晒个没完，有啥可晒的，也不怕"秀恩爱死得快"。可是，每次看他发的和女朋友相处的点点滴滴，只觉得全程被他们圈粉，瞬间化为迷妹，恨不得这两人天天"秀恩爱"。

　　年轻正是奋斗的时候，可是却有很多小情侣因为工作太忙而使得爱情分崩离析。一言不合就说你不爱我了，动不动就是"既然你这么爱工作，那你就和工作过一辈子吧"。于是，就有了风靡朋友圈的那句话："我抱起砖头就没法抱你，放下砖头就没法养你。"

　　大道理人人都懂，却依然不耽误情侣之间会因为一点小事往死里作。

　　然而，同样是表达不满，这位小伙伴的女朋友就特逗。

　　有一天，他在朋友圈发了一条两人的聊天截图，配文是"该带我家祖宗去海边了……我可不想让她在小区里丢人"。

　　我点开图片一看，原来是傲娇小女友向他抱怨两人好久没有一起出去玩了。起因是夏天项目最忙的时候，女朋友给他发来一条消息，说："给你看看我的电脑屏幕（一张海边风景照）。今年夏天我们连游泳都没顾得去，别说出去看海了。这一天天的，净在家受气，只能在单位看看美景宽宽心了。"

他回道："你不是天天洗澡吗？"

"洗澡跟游泳能一样吗？照你的意思，遇上下雨天我哪里也不用去了，就在小区里游泳也是蛮好的。"

瞧见没，就连暗示男朋友应该带她出去玩都能说得如此清新脱俗，和外面那些"妖艳贱货"果然一样！我在朋友圈看到的时候，都要笑哭了。

当然，他们之间像这样的小事还有好多。

有一次，他加班到很晚，正在皱着眉头思索工作的时候，女朋友给他送来煮好的宵夜，顺道问他怎么了，这么愁眉苦脸的。他当时正闹心，就随口回了句："说了你也不知道。"当女朋友听罢，一言不发转身走掉的时候，他才惊觉自己刚才的口气不太好，瞬间惊出一身冷汗，怕女友生气正想着怎么哄呢，结果女友拿着自己的 iPad 回来了，说："你说吧，我不知道的可以问百度。你有什么，不要闷在心里。我希望自己可以帮到你。"他当时就觉得心都要融化了。

一场原本以为会被引爆的"战争"就这样轻松地被女友用幽默化解了。不得不说，幽默在某些时刻的确是一味调和剂，能让所有的尴尬消失殆尽。所以，很多人都不自觉地喜欢和有趣的人在一起玩，因为这类人的关注常常是一般人不曾注意到的，经他们提点之后，那种恍然大悟的感觉是不是让你觉得自己也变有趣了呢？

有些人都快三十岁了，下雪天依然会拉着你出去打雪仗，玩起来和孩子一样无所顾忌。在他们心里，从来没有觉得打雪仗是只有小孩子才会玩的游戏。你看，打雪仗本来算不上什么了不起的游戏，可是因为是和一个有趣的人一起经历的，所以就变得趣味十足了。

当然，我们都知道李白那句名言"人生得意须尽欢"，不拘泥于年龄想要获得一时的畅怀大笑也并非不可能的事。然而，想要成为一个有趣、幽默的人却不是一件容易的事，这不仅要求你要有良好的思维方式，还要有灵活的语言表达技巧。后者看似简单，好像只要口齿伶俐就可以了，但你要明白，它绝不是靠说一些低俗的笑话或者是哗众取宠的事而赢得大家的认可，而是一种很自然地将你带入某个轻松的氛围之中，让人倍感舒适又不尴尬。

我有一位女同事是个相当有意思的人。她不仅能在办公桌上养绿植、养小鱼，还能在我们被工作折磨得焦头烂额的时候，适当地讲个小笑话来缓解我们的情绪。有她在，我们总能感受到她的活力与快乐，自己也不由自主地跟着快乐起来了。

有一次，技术部的员工不小心将一个储存项目信息的资料库删除了。这下，可难为我们了，不仅要重新收集资料，还要和项目部重新对接。项目部中工作不是特别忙碌的，也都配合着重新提供了资料，而那些本身就忙得不可开交的，连理都没理我们，他们觉得这些东西之前都提供过了，为什么总是反复索要。

一位同事在对接过程中被项目部的人说了几句，在办公室中没控制住情绪，鼠标直接一摔，心情特别差地说："不就是要个资料，配合一下又能怎么样？"其他同事虽然很同情他，但又不知道说什么好。这时，我那位女同事开口了："不给就不给吧！有的资料给了，你更闹心。"接着，她说起自己有一次问一个客户要资料，对方给得特别痛快，不到十分钟就把表格传回来了。结果她打开一看，表格里需要填写的内容，没一个超过三个字。特别是有一项是"请简述公司资质"，对方直接在下面赫然填了几个大字：没意见！

什么叫"没意见"？是让你简述公司资质，不是问你有没有意见！

这位女同事说她当时看到对方发来的反馈信息，都开始怀疑人生了。从业三年，她还是第一次遇到这么简单、直接的对接人，都不知道该如何形容了。

我们听完都要笑喷了，包括那个郁闷的同事。后来，我问女同事："到底是哪个项目的对接人那么奇葩呀？"没想到女同事特低调地说："哪有这么奇葩的人啊！我就是看当时气氛太紧张了，随口说一个笑话，让大家放松放松。"

好吧，不管怎么说，她不仅会缓解气氛，还很会安慰人。

记得我刚开始工作的时候，有次在工作中犯了错，被领导劈头盖脸一顿说，然后我就带着郁闷的神情回到了自己的工位。

这一幕正好被我这位女同事看见了，她就过来安慰我说："你还小，犯错是正常的，下次注意就好了。"

我说："我都这么大岁数了，还是个小孩子呀？照你这说法，那15岁的少年叫什么？"

她说："叫小崽子呗！不然还能叫啥？"

被她这么一说，我扑哧一声乐了，瞬间忘了领导刚才对自己的责难，调整好心态继续开始奋战。

有人说，生活本身不如意的事就十有八九，而幽默是调解情绪的一剂良药。纵观一生，面对各种困难与烦恼，与其一直自怨自艾，不如给生活加点简单的佐料，多一些欢笑。

生理学家经过研究发现，经常大笑不仅可以让大脑分泌出一种"脑啡呔"的物质，使人产生愉悦感，调解神经功能，促进血液循环，加快我们的新陈代谢，而且还能激活我们处于抑制状态的脑细胞，扩张血管，改善供血，增强细胞活力。鉴于"笑"有这么多功效，国外一些医疗机构甚至开创了"笑疗"治病的方法。

大多数人的生活都很苦闷，需要在笑声中缓解自己的疲惫。所以，现在的喜剧节目一个接一个，收视率一直居高不下，其中一个原因就是有很好的受众基础。既然笑能让人心情舒畅，精神振奋，消除焦虑与不安，那我们何不借由别人的故事来开解自己的烦忧呢？

　　这么一想，"笑"的确能治病呢。

　　记不清是哪位女明星在参加某次颁奖礼的时候，因为裙子过长，鞋跟过高，而不小心在台阶上跌倒了，一时之间场面甚是尴尬。但是这位女明星却在领奖的时候，幽默地化解了刚才的"小事故"："刚刚的跌倒就像是我这一路走来经历的崎岖与坎坷一样，我也曾无数次想要放弃，但是最终勇敢地站起来了。"台下的观众对她的发言，报以雷鸣般的掌声。

　　不得不说，这位女明星很有智慧，也懂得善用幽默，不仅化解了自己刚才的尴尬，也表现了自己的机智幽默。

　　王尔德曾经说："这个世界上好看的脸蛋太多，有趣的灵魂太少。"如果你碰到一个有趣的人，请一定要珍惜。而且，在我们自己苦苦寻觅有趣的人的同时，不妨将自己也变成一个有趣的人。

　　据说某次地震中，一位被俄罗斯搜救队救出来的被掩埋者在重见天日后，说的第一句话就是"老子被挖出来看到外国人，还以为把老子震到外国去了。"面对苦难和不幸，他首先想到的不是"大难不死，必有后福"，也不是感慨自己捡回了一条命，而是用幽默的话语将自己对生活的乐观心态传递给身边人。

　　有人说，时刻保持乐观的人，就算上帝没有给他一副好牌，他也能置之死地而后生，给自己开拓出一个不一样的未来。毕竟，幽默也是一个人的软实力，即使你没有良好的家境，安稳的工作，富足的生活，也不代表你的人生就是一片黑暗。

尤其是当你自身变得有趣之后，还怕没有可爱的灵魂来到你身边吗？要相信"物以类聚，人以群分"，吸引力法则可是经过科学论证的。

要知道，幽默和有趣的人，就连上帝都舍不得苛待他。

当然，成为一个有趣的人着实不易，不仅要有渊博的知识、开阔的视野、从容自如的心态，还要有对于世间万物的独立思考……

然而，人生漫长，与其枯燥乏味地过一生，不如将自己变成一个有趣的人，不断发现生活中的小幸运，让生活变得阳关又明媚！

爱，就是默默等待喜欢的人出现

你身边有没有大龄恨嫁女青年？

我不过刚满三十岁，已经被评为"剩斗士"之后了，据说和我同龄的大多数女人已经是两个孩子的妈了。所以，三十岁还没有结婚的女人，人生基本上开始进入了"逼婚""恨嫁"的时光。不仅父母替你着急，闺蜜劝你差不多得了，就连八竿子打不着的七大姑八大姨也开始关心起你的婚事了。

"女孩子读那么多书有什么用，最后还不是嫁不出去……"

"你是不是有什么问题呀，这么大了还不嫁人？"

"嫁给谁不是嫁，就别太挑剔了！"

……

抵抗力强的，对于这种几近洗脑的逼婚模式或许根本无感，但你能对母亲一把鼻涕一把泪地劝你早点结婚无动于衷吗？

"我这辈子没什么指望了，就是希望你能嫁个好人家，这样我也就放心了。"

　　接着，就是发动身边各色人等给你张罗，给你介绍他们觉得配得上你的各种男人，这时候不管你想不想结婚，或是根本就是讨厌相亲，但你还是得表现得积极一点，不然就是不配合，就是辜负了别人的一番好意。

　　天啊，且不说人为什么非得要结婚，就算是不结婚，一个人生活就注定不幸福吗？再说了，就算想结婚，愿意结婚，也不能随便找个人就算了。一辈子那么长，如果不能跟适合自己的人在一起，那人生该有多苦闷！那些一味劝你差不多就嫁了的人中，有谁能替你过日子，还是有谁真正帮你解决婚姻中的七零八碎呢？

　　所以，别管他人怎么说，做好自己就好。

　　当然，也有耳根子软的，别人一吹耳边风，自己就动摇了。有人开始担心自己不赶紧抓住一个男人套牢，是不是真的就嫁不出去了。还没等别人说三道四呢，自己就开始脑补孤独终老的可怕了。于是，开始辗转于各种场所相亲，两个人还没了解清楚呢，双方家人一看彼此也没那么排斥，就赶紧张罗着两个人的婚事。然后，你还没反应过来呢，婚已经结完了。

　　生活百态，不管是选择遇到合适的人再结婚还是遇见差不多的人就结婚都没有完美的定论，因为真的有人抱着"和谁过不是过"的原则，幸福安康地过了一辈子。但是你要知道，不是所有人都有这种幸运。

佳佳29岁那年，和谈了6年的男朋友分手了。家人听说后，开始替她着急："你都多大了，怎么说分就分了？你看隔壁二丫头的孩子都能打酱油了，你咋就那么不让人省心呢？你的年龄也不小了，还好找对象吗？差不多就行了，别挑三拣四的了。"一看两孩子不可能复合了，又开始慌慌张张地安排佳佳相亲。

佳佳倒是没反对，或许是被前一段无果的爱情长跑打击到了，或许是被"爱情时间长了都是亲情"所洗脑，佳佳对于恋爱人选的要求，基本低到不能再低，说"只要人忠厚、老实、有担当就行"。

她是真的不愿意再谈恋爱了。

所以，对父母安排的相亲她并没有反对。虽然相亲的过程中，难免遇到一两个奇葩男，但也真的碰到了一个各方面条件"合适"的人。男方家里条件不错，工作稳定，虽然样貌不算出众，但是胜在忠厚老实，看起来各方面和佳佳都属于"门当户对"。而且男方对佳佳也比较满意，双方等于"一见钟情"，所以一周之内两人就确定了恋爱关系。

两个月后，两人正式对外发布结婚的消息。

当我们听说佳佳这么快就把自己嫁出去时，全部都炸了。

虽然也没感觉那个人有什么问题，但是总觉得佳佳这么轻易就把自己嫁出去，还是有点过于草率了。对于大家对自己的婚姻的关心和质疑，佳佳也表示理解，她说："我们本来就是奔着结婚的目的去的，所以两个月结婚也不算快。再说，你看人家汪小菲和大S，不是认识不到一个月就结婚了吗？现在人家两口子不也过得挺幸福吗？大家都是成年人，遇到合适的，就赶紧定下来呗！"

于是，佳佳就这么嫁了。

结婚后，夫妻两人成双入对出现的时候，偶尔也在众人面前撒撒狗粮，日子一如他们婚前预料的那样，虽然谈不上如胶似漆，但也是举案齐眉，相敬如宾。

就在我们为佳佳庆幸觅得良人时，竟然又听说她离婚了。据说两口子是和平分手，一点儿也没吵，一点儿也没闹。

难道又是"秀恩爱，死得快"？他们才结婚不足一年，期间也没听说两人有什么矛盾，怎么说离就离了呢？

我们再次为佳佳的决定而震惊不已。

可是，当佳佳和我们说起她离婚这件事的时候，脸上却是异常平静，仿佛说的是别人的故事。她说："我们结婚后就像大家看到的那样，日子过得很平静，没有争吵，没有矛盾，但是也没有惊喜，没有乐趣。有一天我做了一份超好吃的油焖大虾，端到饭桌上的时候才知道，原来他对海鲜过敏，根本吃不了。他倒是没说什么，但我还是觉得很尴尬。结婚一个多月后，他在商场看到一双漂亮的鞋子，兴冲冲地买回来给我试穿才发现，那鞋码根本不是我的码，我完全穿不上！偶尔想跟对方说点什么吧，不是不知道从哪儿说起，就是对方完全接不住自己的梗，别提有多尴尬了。就这么磕磕绊绊的，虽然没有真正吵过架，红过脸，但是彼此都知道这样下去有问题。可是，明知道问题憋在心里会对婚姻造成隐形伤害，谁也没有想过如何沟通解决。'相敬如宾'，这是哪门子的夫妻相处之道啊？这不是对陌生人才应该有的距离与态度吗？

"有天半夜惊醒，我都忘了自己结婚了。他被吵醒了，问我怎么了，我说，我怎么感觉身边睡了个陌生人呢？他过了好久，幽幽地说了一句：'我们离婚吧！'说起来你们都不会相信，那天晚上是我们在一起这么久，第一次真正向对方敞开心扉，我们聊了很久，也聊了很多，包括彼此的过去以及对这段婚姻最真实的想法。

"你们看，我因为经历了一场漫长无果的恋爱后，对爱情死了心，觉得既然要找一个人过一辈子，那么和谁过不是过，适合就好。可是谁又能说得清楚什么是适合呢？大家都觉得郎才女貌、门当户对就是适合？真的是这个样子吗？真的有这么简单吗？'适合'这件事就像自己脚上的鞋子，外人觉得光鲜、亮丽又好看，可穿到脚上舒不舒服，只有自己知道。所以呀，结婚这件事，还是要认真考虑才可以。"

听完佳佳的话，一时之间我们也不知道该说什么好。同样的境遇，有人幸福美满，有人苦不堪言。这大概就是所谓的"人各有命"。而"人各有命"真是个神奇的词，它像救世主一样，安慰着那些没有收获幸福的人。我们总是把生活中遇到的苦难归功于命运，可是有没有想过自己在命运面前做的是什么选择呢？

现在的大多数女孩子都活得很独立，也很勤奋，她们每天用心经营着自己的人生，将一个人的日子过得有声有色。她们带着少女心，做着童话般的公主梦，期待有一天自己能被丘比特射中，收获一份美满的爱情。可是，哪有那么多从天而降、不劳而获的爱情？在通往真爱的路上，阻挠自己频频失利的往往是不坚定的自己。就像很多人在朋友圈、微博里经常刷着那样，"我亦只有一个一生，无法赠与我不爱的人"。爱是美好的遇见，是心甘情愿的付出，是有来有往的交合。如果你真的爱一个人，就不能只等着对方接近你、宽慰你、怜惜你、疼爱你。你要做的，不仅仅是修炼好你自己，还有了解他的喜好、过往，以及他遇到难题时，力所能及地帮他一把。

只知道索取不懂得付出的人，终将被真情抛弃。因为年龄大就慌里慌张地找个所谓"合适"的人结束单身生活，结果十有八九以惨淡收场。

俗话说，幸福的婚姻都是相似的，而不幸的婚姻却各有各的不同。如果嫁给原本并不了解的陌生人，婚后生活得也不算幸福是一种不幸的话，那嫁给自己最爱的人，却让那个人变成了最熟悉的陌生人，算是怎么回事呢？

两个人在一起，从来不是只要相爱就可以，生活的琐碎足以让两个人的感情从炽热变得陌生。有多少情侣曾经一起畅想未来，最后却分道扬镳？有多少夫妻曾经相约携手一生，却半路放弃？

比起那种一开始就很陌生的结合，从热烈相爱到无话可说的转变才更伤人。

说两件发生在我身边的"毕婚族"的故事吧，不同的选择，却换来了一样的结果。

我前公司的经理是一位女强人。据说她当初和她老公在一起的时候，彼此都是刚刚毕业没有什么经验的大学生，因为相爱，两个人一毕业就结婚了。婚后的日子在家里的帮衬下还算可以。偏偏这位经理很要强，什么事情都要争一争，对工作更是不遗余力，愣是铆足了干劲，只用了三年时间就从一位普通员工坐到经理的位置。

众所周知，一个人的精力是有限的，当经理把过多的精力都投入到工作当中时，用来经营家庭的心思自然就少了。所以，虽然努力工作得到了回报，但是夫妻感情却大大受损。她老公自小家境优渥，基本没吃过什么苦，也不想让自己活得那么累，所以也没什么太大的理想抱负，只想着回家能有一口热乎的饭，能有一位娇妻在等他，就满足了。所以，她老公根本想不通明明他一个人的工资足够养活一大家人生活了，为什么自己的老婆还非要拼死拼活地干！他希望经理要么多放一些精力在家里，要么就索性辞职在家做全职太太，而正处于事业上升期的经理怎么可能愿意？

夫妻战争一触即发。彼此都觉得对方无理取闹，不理解自己，之前的恩爱、甜蜜好像都成了过眼云烟……

可是，他们两个人之间的问题，真的是女方回归家庭就能解决的吗？

三观不同，连朋友都没法做，别说是夫妻了。

丈夫想要的，是一个以家庭为生活重心的妻子，而妻子想要的，是一个自强不息，不为任何亲密关系所干扰的独立个体。

两个人从认知上就不在一个轨道上，分手是迟早的事。

我的一位大学舍友也是一位"毕婚族"，不同的是她结婚之后，没有选择工作，而是直接在家里安心当起了全职太太。刚结婚的时候，小两口整天腻在一起，每天都有说不完的话，老公对她也非常好。遗憾的是，这种"好"并没有持续太长时间。

我这位女同学全心全意成为家庭主妇后，慢慢地，开始和社会"脱节"，她的生活重心完全被家庭琐事所占，每天和老公可聊的不是东家长西家短，就是菜价又涨了，小区物业服务越来越差了。她老公每天工作回来已经很累了，下了班只想安安静静地自己待一会儿，可她还拉着老公扯这些无关紧要的小事，老公能不烦吗？在老公看来，几毛钱的菜价，涨了就涨了吧，有什么可说的必要呢？别人的生活是别人的，与我们何干？在背后说人是非，只会显得自己庸俗！有那闲聊的时间，还不如坐在沙发上看会儿电视呢。

她说的家庭琐事，老公完全不感兴趣；老公说起工作上的事，她又完全插不上嘴。两个人明明在一起生活，却活脱脱像两个世界的人。

舍友说："我知道他很累，不想听我说这些七零八碎的琐事，可我每天在家收拾屋子不辛苦吗？我把家打理得井井有条，就是为了让他回来能赏心悦目一些，没指望他感激我，但也不能完全不把我当回事儿吧？再说了，我的要求也不高啊，我只是想在他回家的时候和他说说话，怎么就那么难呢？两口子不聊家长里短的事，难道天天聊国际政治吗？"

两个"毕婚族"，一个是实现自我价值的女强人，一个是为家庭默默付出的全职太太，可是她们的婚姻都出现了问题。

原因出在哪里？

夫妻，不是简单的"夫"和"妻"；我们，也不是简单的"我"和"你"。所谓的"执子之手，与子偕老"，就是要两个人一起携头并进，共赴前程。当其中一个人越走越快或是停滞不前的时候，另一个人要稍微放慢一下脚步或是拉一把走得慢的人，只有这样，两个人才能看到同样的风景，共同打造幸福美满的人生。

最好的爱情，不是让对方成为更好的人，而是两个人携手一起成为更好的人。当你爱的人已经抵达山顶，看到了之前不曾看过的风景，他朝你挥手，想让你来上来看看，你呢？是原地踏步，只等着他下来拉你一把？还是铆足了劲，奋力向上攀登？

如果一个不愿意等，一个不愿意追随，那两个人还怎么继续往前走呢？

韩剧《太阳的后裔》热播的时候，"势均力敌的爱情"在网络扩散开来。它的意思是说，两个人在一起，要互相督促，互相体谅，互相理解，互相扶持，互相进步。在遇见你之前，我的人生要大步向前，为的是当我遇见你时，不管你是富甲一方还是一无所有，我都可以张开双臂坦然拥抱你。你富有，我不觉得自己高攀你；你贫穷，我们也不至于落魄。

我想让你知道，既然我们的目标是同一个方向，既然我们决定要携手一生，那我们就要努力站在彼此身边时毫不怯场，一起缔造属于我们的幸福王国。

因此，遇见你之后，我要加倍努力，为的就是在你站得更高、见过更好的风景时，我能够与你并肩而立，而不是透过你的眼去领略那些本该我们一起欣赏的美好风景。

你为了忠于自己，躲过了家长的逼婚，躲过了旁人的指指点点，一个人努力坚守着自己的初心，如果嫁给爱情之后，却失去了自我，那你会不会伤心难过？

人生漫漫，未来难知，谁也无法预料下一秒迎接我们的是什么。无论你是否拥有爱情，是否正在孤单地奋进，都希望你可以放下所有的戒备与疲惫，在新的一天充满希望地醒来。

祝你的未来充满希望，祝你的身边有梦、有酒、有爱人。

硬气的姑娘，都有及时离开的能力

有人说，越是优秀的女孩子，人生越是会不可避免地遇见渣男。有首歌是这样唱的："十个男人，七个傻，八个呆，九个坏，只剩一个人人爱……"照这个比例来看，女孩子遇到渣男的概率实在是太大了，而且还防不胜防。

一段感情在开始的时候总是容易被对方的糖衣炮弹蒙蔽住，看不清对方的真面目。等到你付出真心，以为"愿得一人心，白首不分离"，结果却发现对方根本不是对的那个人。

有的女孩子吃一堑长一智，受了一次伤，再遇见同类型的男人转头就跑。而有的女孩子却执迷不悟，总以为再坚持一下对方就会变好了，或是觉得自己能改变渣男属性。

错！

要知道，"江山易改，本性难移"可不是随随便便说说的！渣男之所以被称为"渣"，就是因为他们不仅三观让人颠覆，且人品也让人不齿。所以，姑娘们，遇见以下几种渣男，啥也别说，赶紧跑吧！

吃着碗里的，看着锅里的

提起这种男生就气不打一处来，以为自己是古代帝王，还想后宫佳丽三千吗？永远觉得野花要比家花香，明明有女朋友，还在外面招蜂引蝶的。把自己装扮成温柔成熟的青年才俊，前面还在跟女朋友山盟海誓，转过身就恬不知耻地管别的女孩子叫宝贝。微信里一堆妹妹，时不时搞个"想你"群发，哪个妹子上钩就找哪个妹子，还美其名曰"全面撒网，重点捕鱼"。人家女孩子认认真真地生活，不想跟他牵扯太多吧，就开始跟人家洗脑，说什么人生苦短，要及时行乐。呵，你要愿意乐，尽管乐你的去，非要拉一个女孩的青春作垫背，有病吧！

小B就很不幸地遇到了这样一个世纪大渣男。要不是偶然间看到男朋友的手机，她还一直以为男朋友对自己是死心塌地呢。

小B意外发现的男朋友手机里的秘密，起源于一个备注是"10086"的联系人。一开始小B只是觉得奇怪，怎么会有人把"10086"存到通讯列表里呢，于是就随手点开对话框一看，结果里面全是男朋友和一个女孩的暧昧短信，什么"宝贝""亲爱的，好想你"，越看越让她恶心。但是，小B并没有第一时间找男朋友问话，而是顺势把他通讯列表里的其他联系人也看了一遍，哎呀妈呀，这一看可是了不得了，微信通讯列表里备注的"张经理""王先生的好友""咖啡店李小姐"等等，里面的聊天记录没一个是正常的工作交流，全都是污秽不堪的暧昧用语！

小B当时气得差点儿没吐血，敢情您这是耍我呢，说好的尊重彼此的隐私，就是给您明目张胆出轨的机会啊！而且，您老人家勾搭的还不只是一个，您这是搞三宫六院啊！

小B也不是吃素的，直接将证据甩在男朋友面前，渣男一看瞒不住了，渣男边哭边求小B原谅，说自己是被勾引的，一盆污水全扣到别人身上去了。可拉倒吧，一个巴掌拍不响，您以为我是三岁小孩呢？

对渣男的原谅，就是对自己的残忍。

分！果断分！

说起"渣"，有些渣男不知道从哪儿获得的迷之自信，觉得脚踏好几条船是自己的本事，更有甚者对自己女朋友的闺蜜下手，觉得这样更有挑战性。

呵呵，出轨就出轨吧，还要勾搭女朋友的闺蜜，这种人不称为"渣男"都对不起他的智商。终究相爱一场，在你朝女朋友的闺蜜下手时，有考虑过女朋友一丝一毫的感受吗？万一闺蜜不开眼，真被你勾搭上了，你俩这是要恶心我吗？

你要玩可以，尽可以醉生梦死，花天酒地。但别在人前秀恩爱，人后就整那么多幺蛾子好吗？不要自己受不了诱惑，就说"我只是犯了天下男人都会犯的错"好吗？你自己是个下三滥就罢了，不要拉其他男人下水。

所以，面对这种招蜂引蝶的渣男，无论之前自己付出了多少感情，一定要及时收手！你要相信，出轨只有零次和无数次。

分手就分手，痛快一点会死吗

有一种男人在追你的时候，天天嘘寒问暖，每天"早安""午安""晚安"说不停，今天发个红包，明天送束花，后天送你一大包零食，风里雨里再远也要不辞辛苦地接送你上下班，巴不得昭告全世界他对你的爱。

等到追到手了，热恋期过了，你渐渐发现，他好像比以前忙了，对你也没以前热情了，甚至你对他主动表示关心时，他还觉得你很烦。

你想他了，打电话问他在干吗，他一句："有事吗？没事就挂了！"没给你说话的机会就匆匆收线了。你像往常一样想给他撒个娇，让他哄哄你，可他根本不接招，只觉得你无事生非，无理取闹。你手机欠费了，一时顾不上充，让他帮忙充个话费就被他一顿说："你这是把我当成提款机了吗？"你工作遇到难缠的客户，你根本没指望他帮你解决，只是想找个亲近的人发发牢骚，可是你刚开始，他就甩给你一句："你跟我说这些有啥用？我既不是你的老板，也不是你的客户。"

他好像每天都很忙，不是在开会，就是在工作，或是忙着吃饭，或是忙着洗澡。总之，不管你什么时候找他，他都没时间。你要是顺势不再多问，两人还可以相安无事；你要是多问一句他到底什么时候有时间，他就开始对你发飙了："你这么大的人了，就没有自己的生活吗？你总缠着我干吗？就不能懂点儿事吗？"

本来你一肚子委屈，正想找他问个明白，结果你还来不及发问，就被他怼得以为自己做错了什么事。于是，你开始反思自己是不是确实哪里做错了，你是不是不够好或是太粘人了，让他觉得累？

很多女孩子一开始谈恋爱的时候根本没有那么爱，可是随着两个人相处的时间越长，对男朋友的感情也在日益加深，所以一旦男朋友表现得跟以前不一样，就会变得越来越紧张。

然后，当你按捺不住内心的焦灼，问他为何如此冷漠的时候，他还摆出一副相当无辜的表情，轻描淡写地说："亲爱的，我哪有疏远你，是你想多了，我只是最近比较忙。我发誓，我对你绝对是认真的！"

呵呵，这种一边对你说着甜言蜜语一边对你实施冷暴力的渣男怎么不去当演员呢？

可是大多数女孩子一听男朋友这么说，对两个人的感情又重新燃起希望。然后等待你的，就是再次疏远，再次冷暴力，再次失望。等到你忍无可忍，终于下定决心要分手了，还以为对方会想起你的好，对哭着喊着求你不要走，结果呢，对方只简单回了一个字——"好"。

这时候你才明白，对方早就想跟你分手了，之所以对你实施冷暴力，就是为了让你自己说分手啊。这样他就可以假装被抛弃，然后求得其他女生的怜惜啊！

不爱了就是不爱了，大大方方说分手并不可耻，可耻的是明明自己先放弃了，还给人营造一种自己是受害者的姿态，那就是"渣"了。

别以为只有他对你动手了才是伤害，冷暴力对一个人造成的精神伤害足以摧毁一个人的意志。你会怀疑自己，会觉得自己做什么都是错的，这种看不见摸不着的伤害分分钟让你变得神经质。

所以，女孩们，遇见任何对你实施冷暴力的男人，如果沟通无果，就请尽快远离！和这种人纠缠不清，当真是浪费时间！

我就是玩玩而已，谁知道你却当真了

我有一个小学妹，毕业后进入一家公司遇到了一位风度翩翩的经理。从面试、试岗到转正，这位经理一直对小学妹照顾有加。她工作出错，经理替她摆平；她遇到麻烦，经理帮她解决；

她租的房子灯坏了，经理主动提出帮她修；下班总是顺路送她回家。

两个人的相处模式简直像极了偶像剧里演的"霸道总裁爱上我"。小学妹一个初出茅庐的妹子，哪经历过这种阵势啊，没多久就被经理拿下了，两个人顺理成章地在一起了。当然，这种"在一起"也可能只是学妹单方面的认知，因为就算两人再怎么亲密的时候，经理也没对学妹说过一句喜欢她的话。

可是学妹不这样想啊，在她的认知里，虽然经理嘴上没对她有所承诺，可是他的实际行动说明了一切啊。如果他不喜欢她，怎么会这么关心她呢？

于是，学妹一心一意地爱着经理，爱得那叫一个坦荡！朋友圈里撒遍狗粮不说，还一心想着什么时候带男朋友回家给父母看看。

然而，没过多久，偶像剧就变成了狗血家庭剧。原来这位经理早就有女朋友，只不过女朋友不在身边，人家一听说有小妹妹"缠着"自己的白马王子，立马回来宣示主权了！

什么？我好好谈我的恋爱，怎么就成了第三者？

学妹哭得一把鼻涕一把泪地找经理要说法，说："我这么喜欢你，你怎么能这样？难道我在你心里，就是一个垃圾吗？你说不要就不要，说分手就分手？"

经理看学妹这么痴情，本来还有几分愧疚，可一看她这架势，只好实话实话："大家都是成年人，有些事彼此心里有数就行了，何必非得说得那么明白，搞得那么难堪呢？你仔细想想，从始至终，我有说过一句'我喜欢你'吗？我就是玩玩，你怎么就当真了呢？"

看见没，你一心一意的付出，在渣男眼里，不过是"各取所需"的身体游戏而已。

你想随便玩玩，可以，但你能不能找个跟你有同样价值观的人去游戏人生？既然你根本不想稳定下来，那你何必去招惹一个一心一意想跟你共伴一生的女孩子？

俗话说，风水轮流转。玩弄别人的感情，会遭报应的。今天你这么欺负思想单纯的女孩子，难保他日不遇见道高一丈的女魔头。

所以，对这种渣男，别指望他会回头了，及时止损要紧，赶紧撤吧！

上面说的这几种渣男是诸多渣男中的一部分，但你仔细观察就会发现，这种人有一个共性：自我感觉特别好、极度自私、一味索取、不负责任，以玩弄别人的感情为乐。

虽然很多人说，在遇见对的人之前，谁还没遇见过几个渣男，有什么大不了的，但是姑娘们，如果能在和一个男人交往之前擦亮眼睛，看清楚他的品行，不仅可以让你少走弯路，对你的感情也是一种保护，不是吗？

现实生活中，明知道自己交往了一个品行不端的人依然舍不得放手的，比比皆是。傻姑娘们总以为自己能感化他们，成为他们的最后一任。可是，一次又一次的原谅，只会换来对方肆无忌惮的伤害。

这个世界上，没有谁非那个人不可。如果你不挥手告别错的人，又怎能腾出位置给真正对的人？无论离开的时候有多痛，时间都会让一切变得云淡风轻。

所以，姑娘们，遇见渣男能走多远就走多远吧！

默默地爱一个人，也很好

我想讲一个自己的故事。

关于我喜欢林哥哥这件事，身边的好朋友都知道。因为我喜欢谁，实在是太明显了，不仅看见那个人就不由自主地露出一副花痴相，就连和朋友聊天都三句话不离他的名字。所以，但凡对我有所了解，都能看得出来我喜欢谁。

我心心念念的林哥哥当然也知道。

怎么说呢，在刚刚认识他的时候，我就对他"不怀好意"了。我又是个胆子大的姑娘，喜欢谁就一定要让对方知道，所以就大大咧咧地跟他表达了一下我对他的"非分之想"。

可是林哥哥对我喜欢他这件事好像并不在意，他依然只是把我当成一个自家的小妹妹。我遇到麻烦向他求助时，他会帮我想办法，可我一跟他扯那些有的没的，他就假装没听到，没看见。

真是搞不懂。

林哥哥到底是怎么想的呢？如果他不喜欢我，怎么对我有求必应？如果他喜欢我，怎么舍得对我忽冷忽热呢？

关于这件事，我苦恼了好一阵子。有时候我也会安慰自己：林哥哥那么优秀，喜欢他的女孩子都排到爪哇国了吧，而我和林哥哥，无论是年龄、家庭背景、工作还是性格、喜好、星座等方面，没有一点匹配的，他看不上我真是再正常不过了。

可是，理智归理智，情感归情感。就算我找再多他不会喜欢我的理由，还是阻挡不了我喜欢他的那颗滚烫的心啊。

好姐妹问我："你究竟看上他哪一点了呀？"

我到底看上他哪一点了？我也不知道。爱一个人哪有那么多条条框框的原因呢？我只知道，他在我眼里就是闪闪发光啊。

于是很长一段时间，我陷在对林哥哥的单恋里。为了见他，我制造各种机会"偶遇"；他的朋友圈，我一天能翻 800 遍；他有事找我，我激动得分分钟能脑补出我俩爱得死去活来的一场大戏……我知道很傻，可我就是没办法。

有时候他会莫名其妙地问我一句："你在哪里？""你在做什么？""你吃饭了吗？"然后就没下文了！无论我再回多少字，他就像从这个世界上消失了一样，一点回应都没有！真是让人忍不住想爆粗口。你明知道我喜欢你，还这么逗我，很好玩吗？作为一个成年人，别人发了信息要回复，这是基本的社交礼仪。玩什么酷，耍什么帅呀！

人们常说，当你深爱一个人，就赋予了对方伤害你的权利。这句话是哪位哲人说的？真是太对了！有时候我感觉自己真的快要崩溃了，可林哥哥依然一副云淡风轻的样子，甚至都不知道我难过得心都要死了。

瞧见没，我俩方方面面都不在一个频道上。

或许在林哥哥看来，他根本就没有伤害我，反而因为我喜欢他，为了不让我太伤心，所以才偶尔给我送一点温暖。

完全没必要，好吗！

如果你不喜欢我，就明确拒绝我。不要对我有求必应，也不要对我忽冷忽热。如果你不喜欢我，就彻底晾着我好了，不要给我一点点希望。

就拿我约他吃饭来说吧，他既不说去，也不说不去，而是直接回复我：吃什么，在哪里？我发了吃饭的地址给他，他又不吭声了。

去不去总得给个痛快话吧，这样不声不响的，到底什么意思！

后来朋友给我分析，说他不是百分百想去，而是要根据他的时间安排、当天的心情以及想不想来见我来决定他是不是要来。他先把所有的条件都问一遍，给你造成一种仿佛他真的会去的样子，等你满心欢喜以为两个人终于可以约会时，他又临时变卦，还大言不惭地告诉你："我没说我一定会去呀！"

你要问我到底有没有约到过跟他一起吃饭，当然约到过，但是约到还不如没约到呢。

　　你见过哪个男生赴女孩的邀约，能迟到一两个小时的？说自己临时有点事，可能要晚点到，让我按照我喜欢吃的先点菜。好嘛，等我点了一大桌子好吃的，人家菜都上完了，他人还没到。你能想象当时我一个人孤零零地坐在一桌子吃的面前还不能动筷的感觉，有多伤心、有多尴尬吗？

　　只要一想起来这事，我都能心疼自己五秒钟。

　　好不容易他来了，见面两小时，他有一半时间不是接打电话就是在不停回复别人发来的微信。我就不明白，既然你这么忙，直接说来不了不就完了吗？明明已经和我约好了，却总是在忙自己的事或是旁人的事，这让我做何感想？

　　尽管体内愤怒的气息即将爆发，但我还是尽量克制地用撒娇的语气对他稍微表示了一下抗议："你不能仗着我喜欢你，就这么不尊重我呀！"

　　他一脸茫然，无辜地回道："怎么了？我今天确实有点忙，迟到是我不对。今天这顿饭我请，你还想吃什么，尽管点。"

　　大哥，我是缺你一顿饭吗？不跟你一起吃饭，我就要饿死吗？

　　想吵架，想任性，想发脾气，可是转头一想，人家是我什么人？我有什么权利对人家表达不满呢？而且，就算我发脾气甩脸子走人，又能怎么样呢？和一个根本没那么在乎你的人发脾气，只会让自己更难堪。

你看，这就是单恋的苦逼之处。

谁让你喜欢人家呢？

有时候我也会觉得自己很贱，人家根本不喜欢你，还搞那么多事干什么，再喜欢一个人也不能这么没有自尊吧。可有时候我又觉得，我喜欢他是我的事，他不喜欢我是他的事。我就是喜欢他喜欢到发疯、发狂、发癫，又关他什么事呢？本质说来，我的这些情绪都是我自己的事，他完全可以不必理会。

我想约他吃饭，我明知道他态度不明，依然心甘情愿地等他。我亲眼看到他确实很忙，依然作死地想跟他在一起，哪怕他让我觉得自己被忽视了，还是舍不得对他发脾气，不是我自找的吗？

可是，不管我将自己说得有多不堪，将他描绘得有多残忍，依然没办法让我停止喜欢他。无论我对他有多爱慕，哪怕我说没了他我都不能呼吸了，又能怎么样呢？

尽管我希望在我提醒他记得带雨伞的时候，他能顺道也关心我一下；在我不开心的时候，他也能主动安慰安慰我；和我分享一些生活中的琐碎，对我的感情有所回应。但是，我却不能以此对他进行道德绑架。单恋这种事，说到底就是一个人的事。他不爱你就是不爱你，即便你已经低到尘埃里，也开不出花来。

还记得《北京爱情故事》里的林夏，疯了一样喜欢着疯子。可不管她怎么做，疯子就是不喜欢她。然而，林夏依然爱得荡气回肠。她有一句经典台词，至今还被无数单恋的人膜拜：我爱你，与你无关。

我觉得我对林哥哥也是这样。

即便我知道这场单恋只是我一个人的独角戏，也甘之若饴。更何况，林哥哥对我也不算太无情，虽然他没法给我想要的爱情，但他给了我"妹妹"的特权啊。工作上有不懂的地方，只要去问他，他总是耐心地帮我解答。

仔细想来，他给我的，已经够了。

他不是不好，只是不爱我。

当时我刚毕业一年多，对自己未来的发展方向完全摸不着头脑，是林哥哥帮我分析下一步要做什么，要朝哪个方向努力。一开始听他在一旁高谈阔论，我常常是"蒙圈"的状态，不是说赞同，而是对他那种独特的思维方式感到新奇，也有点不知所云，这时候他就会不厌其烦地换个角度或是换种说法一遍遍给我解释。这么说来，他算得上我半个"人生导师"啊。

而我对他的感情，大概也就是从那时候开始萌发的吧。

虽然我做不了他的爱人，但我希望可以和他站在同一高度，拥有像他那样的智慧。所以，他推荐的书籍，我全都会看，哪怕自己从来没接触过，或是读起来有点晦涩难懂，我也会硬逼着自己去领悟。他给我指导工作，我总是认认真真的，一直做到他审核通过为止。我希望可以借助这些途径，离他更近一些。

我总想着，如果他说的我都懂，他知道的我都理解，那他会不会对我另眼相看，因为彼此惺惺相惜而喜欢上我呢？

虽然我已努力变得精彩，清风也没有自来，但是我的公司领导却看到了。上司觉得我做事认真又有责任心，是一个奋发向上的好员工，不仅授予我"优秀员工"的殊荣，而且还给我升了职加了薪。

当我听到这个美好的消息时，第一时间就是分享给林哥哥，我想让他夸夸我，让他知道我不是绣花枕头，我有在努力。可是，他听到我这个喜讯，只是淡淡地说了一句"恭喜你"，就再无他话。

你看，你觉得自己正在为靠近他拼尽全力，他却觉得和他毫无关系。

最近，又一次重温了《灌篮高手》，依然被那些热血少年感动得稀里哗啦的。比起个性鲜明的篮球少年们，《灌篮高手》中有三个女孩子的人设很不讨喜，甚至让人有点讨厌。

作为流川枫的迷妹，流川枫亲卫队会看流川枫的每一次练习，会不辞辛苦地参加流川枫的每一场比赛，当别人质疑流川枫时为他出头。她们那么用力爱着流川枫，可是流川枫却从来没有给过她们一点点的回应。而且，对于她们为流川枫做的一切，说不定流川枫根本就不知道，既不知道她们是谁，也不知道她们到底都为他做过什么。可又怎么样呢，她们依然毫无怨言呀！

因为我喜欢你，只要你快乐，我就觉得好开心。就像现实生活中的追星族，不求回报地为偶像投票、控评、刷销量；为了看偶像一眼，深夜去接机……你做了那么多，偶像连你叫什么名字都不知道。

可是没关系，我只是想不留遗憾地对待自己的感情。你不喜欢我，我不会勉强你接受，也不会要求你必须回报我。

比起被你辜负，我更害怕被自己辜负。有句话叫"攒够失望就离开"，我至今没有办法离开你，应该是我对你还不够失望吧。

故事即将结束，你有没有发现，在我不在意结果之后，我所做的一切，到底是为了得到他，还是为了成全我自己呢？我为了靠近他，努力让自己变得更优秀，到底算不算他对我的"另类回报"呢？就像到最后，我已经分不清我到底是爱他，还是爱那个为爱努力的我自己。

默默地爱一个人，也挺好。就像是春风十里，吹过之后，不留痕迹；就像是夜晚的思念，天亮之后，消失殆尽。

爱就是爱，不爱就是不爱，没有高低贵贱，没有三纲五常。爱时不保留，不爱时不隐瞒。所谓愿赌服输，如果爱你真的是我一个人的兵荒马乱，我愿意接受这个结果。

岁月漫长，我还是希望能遇见跟我两情相悦的人。

人生短暂，能做的事情真的很有限

《钢铁是怎样炼成的》中的主人公保尔·柯察金曾说："人的一生应该这样度过：当他回首往事时，不会因为虚度年华而悔恨。"

很多人都有过这样的悔恨吧，明明很想成就一番大事业，却在不知不觉中荒废了大好的岁月。回首过往，除了感叹时光飞逝，再无其他印象深刻的记忆。为什么会发生这种情况，你有想过吗？别把你的时间都浪费在小事上，那只会让你一事无成。

请收起不必要的纠结

你每天都在忙工作，忙生活，一天就这么一不留神就过去了。晚上你躺在床上回忆自己白天做了些什么，可是翻来覆去怎么想也想不出来，自己到底都干了些啥，自己干的那些事有什么意义。最后，你得出一个结论：这一天天的，我在瞎忙什么呢？

知道自己瞎忙，看来还有得救。别着急，让我来告诉你，你这一天到底都做了些什么。如果你感兴趣，不妨拿个小本本记一下，看看自己被说中几项。

早上你看了看天气预报，说今天要降温。于是，你开始琢磨自己今天穿啥。穿加绒的棉裤，会不会热了，办公室可是有暖气哦。穿条薄的打底裤好了，可是外面很冷，路上又该冻坏了，我可不想老了得老寒腿。算了，还是穿新买的那条不薄不厚的裤子吧，上衣就穿过膝的长款羽绒服好了，这样既不会受寒也不至于太臃肿。穿哪件羽绒服好呢？红色的，会不会显得太俗了？黑色的，好像又太老气。就灰色的吧，既不至于太惹眼，也不至于太庸俗。就这样，好不容易选好衣服，梳洗完毕，你才发现再不出门，今天就要迟到了。

中午到饭点的时候，一向有选择困难症的你又开始犯愁今天吃什么。吃火锅吧，太奢侈；吃炸鸡吧，太油腻，还容易使人发胖；吃水果吧，下午肯定要饿肚子……想来想去，一个小时都要过去了，你还是没想好自己到底要吃啥。等到下午快上班了，你才慌里慌张地随便点了份盒饭。

周末不用加班，你待在家里纠结着该如何打发时光。是去健身馆练瑜伽还是去滑雪场滑雪呢？或者，约上谁一起去看场电影？你一边想，一边划拉着手机，等你终于想好要去看电影时，却发现时间已经很晚了，于是你决定还是不出门了。

现在知道自己晕头转向地忙了一天，却感觉自己啥都没干的原因了吗？时间有限，你却把它全都浪费在一些无关紧要的小事上了。

今天降温了，你只要不穿夏装出门，能错到哪里去呢？就算一时热了、冷了，又能怎么样呢？你是穿红的、黑的，还是灰的，有几人在意呢？别人自己的事还没整明白呢，哪有那么多闲心关心你今天穿啥！

午餐你不知道吃什么，吃火锅嫌浪费，吃炸鸡怕胖，吃水果怕饿，最后却随便选了个盒饭。你花那么多时间用在选餐上，结果却用盒饭打发了自己，你觉得对得起自己在吃饭上花费的心思吗？

难得周末不加班，你可以放松放松，光是想要健身、滑雪还是去看电影，你能纠结一整天，最后还什么都没干。

类似的例子，数不胜数。

或许你会说，衣食住行就是人生常态啊。之所以凡事都这么纠结，正是因为对自己负责。

喂，你要是想在大冷天穿得既有风度又有温度，你有试衣服的时间，不如去看看人家搭配好的穿衣指南好不好？你要是真的不知道吃什么好，你买本厨艺大全锻炼锻炼自己的手艺可好？什么都想做又不能同时进行，你给活动安排个轻重缓急，先后顺序行不行？

知道自己瞎忙是不错，但是知道之后你得改呀！把这些花费在纠结上的时间，用来积极完善自己、成就自己，不是更加有意义吗？

不得不说，有时候人真的是太奇怪了，不知道做什么就发呆，拿起手机就放不下来。明知道有些事根本没有纠结的必要，依然把自己搞得头大也要没完没了。

你不觉得这么做有些对不起你短暂的人生吗？

时间都去哪儿了，时间正是被你弄丢的啊！

再大的事情过去了都是小事

这个世界上有一种很傻的行为就是对已经发生过的事情遗憾、后悔、埋怨，问题已经发生了，不想着怎么积极地解决问题，只是一味地说"如果当时……""早知道就……"诸如此类的话。

"如果我知道那条裙子这么快就被人买走，当时我还瞎挑剔什么呀，现在后悔也晚了。"

"早知道我当初就不应该听她的，看她出的什么鬼主意啊。"

……

说实话，对于这种"事后诸葛亮"，我真的很无语。亲爱的，你要知道，"如果"的意义仅仅是给你预留一个不切实际的幻想，其他毫无意义。时光不能逆转，事情已然发生，我们当下唯一要做的就是将目光看向未来，寻求最有效的解决办法。

去年十一，我们几个好朋友商量着一起出去旅游。从订票到订酒店，所有的行程安排，我们一行其他人因为工作繁忙就谁都没有管，由其中一个朋友的男朋友全权负责。为了节省时间，我们选择飞机出行，谁知那天沈阳突降暴雨，当天的飞机全部晚点，导致我们在机场苦等了8个小时才起飞，原先计划好的行程全被打乱了。

说实话，因为这次行程除了朋友的男朋友操了心，我们都没有插手，所以发生这种突发状况，大家虽然急得抓耳挠腮的，但都没有放在心上，毕竟这是一场无法预知的意外。

可是没想到，我那位朋友却发飙了，她在众人面前大声呵斥自己的男朋友："让你做这点小事，你都做不好，要你有什么用？你在安排行程之前，就不能先查查天气预报吗？不知道坐高铁吗？为什么不做两手准备？"一路上，她都黑着脸，觉得男朋友办事不利，害她在朋友面前丢了面子。

出去玩本来就是寻开心的，就因为这一点非人为的不可抗因素，我那位朋友整个旅程都表现得很不开心，逮着机会就要唠叨男朋友几句，好在她男朋友脾气好，一直赔着笑脸，但搞得我们其他人却很尴尬。

有一天吃午饭，因为选择的餐馆的饭食没那么好吃，那位朋友又开始数落她男朋友的不是，觉得他这人办事不利。或许是这么多天的冷嘲热讽，早就让男朋友忍无可忍了，所以男朋友当场爆发，两个人狠狠地大吵了一架，从认识到相爱再到如今两个人的关系，几乎把陈年旧账全都抖落了一遍……看着他们吵架，我们真的尴尬癌都要犯了。可想而知，接下来的行程根本没有办法再好好玩耍，就提前结束行程返回了。

天地良心，我觉得她男朋友已经做得很好了，即便一时考虑不周耽误了行程被女朋友埋怨了几句，也没有为自己辩解，何况天降暴雨也不是他的错。可是女朋友却抓着不能改变的一点小事不放，从机场一直埋怨到旅行地，既搞得自己不开心，也让别人觉得不但没玩好，还跟着心情低落。

这么一想，瞬间显得她整个人格局特别小。

没有人希望自己提前安排的计划出现失误，万一失误还是发生了，就总结下经验教训下次避免不就行了吗？事后再责难、埋怨，能改变已经发生的事情的结果吗？

英国著名作家迪斯雷利曾经说过："为小事而生气的人，生命是短促的。"同样，将时间浪费在小事上的人也不会那么"长命"。你的人生大刀阔斧地向前迈进的时间尚且不够用，哪还有精力去大把地挥霍？

如果总是把时间耗费在这种不能改变的事情上，实在是太可悲了。

用80%的精力去做最重要的事情

你每天努力工作，干的活最多，加班时间最长，但年底升职加薪的时候却偏偏没有你，你想过为什么吗？因为只有苦劳，没有功劳。没有拿得出手的实际业绩，即便你加再多的班又有何用呢？你要知道，天下间所有的老板看重的都是实打实的业绩。在老板眼里，只有为公司创造更多价值的员工才是好员工。

如果你在工作时间没有做出像样的成绩，那只能说明你根本没有利用好你的时间，或者你是个"庸才"。

职场上很多优秀的人都是善于运用"二八定律"的高手。所谓"二八定律"，即在任何一组东西中，最重要的只占其中一小部分，约20%，其余80%尽管是多数，却是次要的。比如，商家80%的销售额来自20%的商品，80%的业务收入是由20%的客户创造的；80%的人拥有社会财富之和的20%等。把"二八定律"运用在职场中，就是只有20%的工作是最重要的，需要我们花80%的时间和精力去做。而你呢？你每天上班都在做些什么呢？在一些鸡毛蒜皮的小事上纠结来纠结去，最后可能领导连看都不想看。别说这些工作就算再不起眼也需要有人去做，是要做，但是不值得花费那么多时间。

在领导心里最重要的工作是A，你却把时间都花费在了B上面。然后，你还和领导邀功，说你把B这件事做得多好呀。"讲真"，你领导不打你我都想打你！说得通俗易懂点，就是我现在最想吃水煮鱼，你却给我做了条烤鱼，然后你告诉我你做这个烤鱼有多么不容易、口味有多好，有用吗？我想吃的是水煮鱼呀！

做事也一样，如果你没做到点子上，就是做再多有什么意义呢？

我有位设计师同事，绝对是苦劳级别的选手。在我司任职七年，依然是一名基层员工。所以，当一个小女孩只来公司一年就被提拔为组长的时候，我这位同事心里有了点小情绪。他去找领导谈话，说想做一些比现在职位更重要的工作。领导一琢磨，也是，人家都在公司工作这么久了，不管是对公司的忠诚度还是专业设计能力都非常高，是需要安排些重要的工作。此后，除了小组项目的工作外，领导逐渐将一些比较重要任务交给他负责。

可是，这位设计师同事就好像听不懂老板说的话一样，他做的事常常和老板想要的结果大相径庭，自此彻底在领导那里被判了"死刑"。

你觉得替他委屈？不妨听听他们的谈话内容。

领导："我之前交代的今天要上交的稿子，为什么到现在都没有提交？"

设计师："那个项目的工作更加着急呀！对方指明今天必须完成，所以我就先做那个了。"

领导："也就是说，我给你安排的工作，目前一点进展也没有？"

设计师："领导，您说的那个，我打算今天晚上加班做。"

领导："但是我今天下班之前必须要看到。"

设计师："领导，您看我手里这么多活，根本忙不过来，您不能再多给我一点时间吗？"

领导："好吧，这个工作我交给别人来负责吧。"

看出问题了吗？

对，你很忙，有很多工作要做。但是再怎么重要，也总得有个轻重缓急吧。一个人的时间和精力是有限的，要想真正做好每一件事几乎不可能，这就要求我们必须学会合理分配自己的时间和精力。与其面面俱到，不如重点突破。把80%的时间和精力花在最重要的事情上，而剩下的20%处理没有那么重要的工作，这才是正确且合理的做事方法。

领导给你分配任务的时候，他给你的时间节点已经告知你这件事情的轻重缓急。而你没有搞清楚领导的言外之意，还埋怨领导没有给你足够的时间，这不是自己"找死"吗？在领导心里，如果你该做的没做好，就算你把所有的精力都用在了另一个工作上，你也是能力不足。那些说哪个工作都很着急，不知道先做哪个的人，我想说，如果你连事情的轻重缓急都分不清，那也不用埋怨领导不给你升职加薪了。

生活中总有人因小失大，因为一些无关紧要的小事平白无故地消耗自己的时间和精力。这种人既没有大局观念，也没有机会成本概念。

　　你要知道，最聪明的人是那些对无足轻重的事情无动于衷的人，但他们对较重要的事物却总是很敏感，而那些太专注于小事的人通常会变得对大事无能。就好像在面对工作时，如果你选择 A，就必须放弃 B 的话，那 B 就是 A 的机会成本。哪个轻哪个重，你心里要有数，明明不必花费太多时间和精力的事，你偏偏投入全部热情，最后还自我感觉良好。这不是勤奋，这是没眼力。

　　人生短暂，能做的事情有限，我们要把有限的生命用来做对自己有意义的事情上，而不是待年华老去，因虚度时光而悔恨万分。

我只是在做自己喜欢的事情罢了

一

工作忙得不可开交的时候，收到了一条信息，打开微信一看，简短的几个字："亲，我18号在家这头结婚，能来不？"

我随手把手机扔到一边，继续忙去了。

发来这条信息的，是我的初中同学。加她微信是源于几年前的一次同学聚会，当时大家好久不见，就热络着加上了。可是加上之后，就成了彼此好友列表里的"躺尸派"，压根就没联系过。"没联系过"的意思懂吗？就是逢年过年连条群发的祝福都会互相默契地不发给对方的那种关系，更不要说朋友圈互赞评论、点赞了，根本没有的事儿。

这不，好不容易联系我一回，还是她结婚。

等我手头的工作终于告一段落，发现她又发了一条消息，是现在很流行的微信电子结婚邀请函。

我想了想，回复了句："我现在人在沈阳，回不去。"

没想到，对方秒回："这样啊，那份子钱，你微信转给我？"

呵呵，想得美！

我翻了个白眼，又将手机扔到了一边。

中午吃饭的时候，我和同事说起这个事情，他们问我："那你打算随多少钱？"

"什么？份子钱？我为什么要随？我们本来也不是很熟。"我知道自己当时的表情一定夸张得恨不得吞下一头牛。

同事A说："你们不是同学吗？而且人家都通知你了。虽然我也遇到过这种情况，好几年的同学，平时不联系，一联系就是结婚，但是谁也不差这几个钱，我就随便随了一点钱，算是给彼此留个面子吧。"

这么做好像也没错，但是我就是不想随。有这点钱，我捐给儿童福利院不好吗？而且，我特别不明白的是，结婚不是为了让亲朋好友聚在一起祝福你，看你携手走进另一段幸福人生吗？只要对方心意到了，随不随份子钱有什么要紧呢？干吗要把好好的婚礼弄得跟网上说的"我不但收回这些年随出去的份子钱，还要大赚一笔呢"一样？

先不说该不该随礼，或是随多少礼，就是说结婚要邀请谁来参加这件事怎么就变得越来越随意了呢？记得小时候，我看到爸爸收到的结婚喜帖，红底金字封面，毛笔隶书工工整整地书写着"兹定于 ×× 年 × 月 × 日在 ×× 地为 ×× 和 ×× 举行结婚典礼，特备喜宴，恭请您和您的家人光临。×× 敬上"，满满的诚意与爱意。

现在可倒好，连个请柬都没有了。行，就算现在很少有人邮寄请柬了，但打个电话总是可以的吧？电话也不打，就微信通知一声？微信通知也就简短的几个字，连姓名都没有，我真怀疑是不是群发的消息。

当然，不只是结婚，大家一定也收过其他的群发信息吧。

亲，帮忙投票哦！

亲，帮忙转发哦！

亲，帮忙点赞哦！

……

说真的，我和你很熟吗？就不说投票会给你带来什么好处，也不说这个公众号并不需要关注可以直接投，我就是想问问你，我为什么要帮你的忙呢？举手之劳？你是从什么角度断言，给你投个票、点个赞对我来说是举手之劳呢？这些名目繁多的活动如果我觉得确实对你有意义或是认为对你很重要，我看到了自然会帮你，但如果只是为了一个毫无含金量的集赞送肥皂或是送毛巾，我为什么要帮你？

不理你，你还一遍遍地群发，"打扰了""请帮忙"等等，知道打扰为什么还那么做呢？你这是让我说你有自知之明还是不知好歹呢？我不理你，就是不想浪费我的时间。

二

提醒广大同胞一件事，如果你给喜欢的人发信息，对方没有回，最多主动发两次就好。特别是人家没有回你的信息，却更新了朋友圈的时候，千万不要问人家为什么不理你。没有为什么，就是不想理你，连回个信息几秒钟的时间也不愿意浪费罢了。

还记得青年作家苏辛在《未来不迎，过往不恋》中写过这样一句话："在联系他之前，请等五分钟。"在给对方发信息之前，先问问自己为什么要发给他？是真的有很重要的事要沟通还是只是闲聊？如果真的很重要，我建议你还是打电话，这样更快捷、更高效。如果真是闲聊，那还是不要发了，对于不喜欢你的人来说，如果不是有事要说，你发给对方的所有信息都是一种叨扰。人家为什么要把时间浪费在一个自己不喜欢的人身上，有那个时间刷刷剧、打打游戏娱乐一下不好吗？

有的人在追求心仪对象的时候，明明已经被发了好人卡，还是不死心、不放弃，总是想跟对方聊天，说些有的没的。这种心情和做法我倒是能够理解，我曾经也是这种人，控制不住自己。可在你发的信息犹如石沉大海毫无回音之后，你能不能也给自己保留一点自尊？

　　你看看你的开场白都是些什么，"在吗，干什么呢？""吃了吗？吃的什么？""睡了吗？"有事你就直说，没事你就自己找点乐子不好吗？发这些毫无营养的信息让对方感受到都不是被关注，而是被监视！我干什么，吃没吃，吃什么，睡没睡，跟你有关系吗？

　　以上还算正常的搭讪，那种一上来就大言不惭地问"有没有想我"的人，真的让人想锤爆他的头。你是谁呀，我想你？就算我想你，想的也是你能不能离我远一点！除非是喜欢你的人，否则没人愿意每天听你汇报自己的流水账。

　　有人觉得不回复别人的信息是一件相当不礼貌的事。关于这一点，我认为应该分开来看。如果对方有正经事或是普通朋友，理应回复；可如果对方只是想闲聊而且你也不喜欢这个人，适时保持冷漠，让对方慢慢心灰意冷也未尝不是一件好事。所以，当你心仪的人不回复你的消息时，不必伤心难过，或许对方正是不想让你越陷越深才不得已而为之呢。

　　不回复还有一个原因，就是你的喜欢真的让对方很讨厌，这种讨厌既不是假装出来的为你好，也不是对方太忙了根本不想搭理你，而是他就是单纯地讨厌你，讨厌到连收到你的信息都讨厌。

　　所以，失望攒够了，就离开吧。

三

你说我们大学刚毕业也好，换了一份新工作也好，在接触到新领域的时候是不是都特别希望有一个领路人能教教我们怎么做？工作遇到难题死活想不出解决办法的时候，要是有个人能够指点迷津，简直是不能再幸福的事情了。

但是，社会毕竟不是学校，就算有人愿意手把手地教你，很多事情还是需要你自己去摸索、探究，找到合理的方法。"师父领进门，修行在个人"就是这个说法。

小刘刚到我们公司那段时间是我们最忙的时候，她一来上班，主管就直接把她带到我这个小组长面前，让我带她。主管说小刘之前已经工作过一年了，让我教她一些最基本的流程和规范就行。

我真的很好奇主管从哪个方面觉得带一个刚进公司的新人是一件简单的事？就算小刘有过一年的工作经验，但是之前的工作跟现在的工作一模一样吗？流程和规范都是相通的吗？

第二天，按照工作进度我要去拜访项目，小刘作为我的"徒弟"，自然要和我同去。我们公司对于拜访项目是有程序与制度的，怎么和上级申请外出，到了项目主要想解决什么问题，以及和谁进行联系都是有规范要求的。所以，从去之前我就告诉小刘，公司是非常注重标准化的，让她好好记下流程和我们需要做的事，回去之后她需要写个拜访反馈结果给主管看看。从出发到拜访，再到结束回公司，每一个要点我都提醒小刘要记下，要在报告中有所体现。

可是，当小刘真正要写报告的时候，我在QQ上收到了她问我的第一个问题：师父，咱们今天拜访的项目叫什么？

一口盐汽水都要被我喷出来了！忙活了一天，她竟然连项目名字都不知道。我也是暴脾气，直接走到她的工位前说了她一顿。

结果，没过几天，公司就开始流传我"虐待"新人的流言，说我看不起小刘，根本没好好带她，她问我什么，我都拿"正忙着呢"来搪塞她。所以，当小刘可怜巴巴地向主管申请换组时，主管来找我，问我到底怎么回事。

我直接把QQ上的聊天记录截图给主管，我自认为能说的、该说的、要教的我都一字不落地告诉她了，可是她不上心，我能有什么办法。之前教过的，明明说好让她用心记一下，可是再遇到同类问题，她还是会来问。我都奇怪了，有询问我的功夫她不能查下聊天记录看看当时我是怎么说的吗？就连合并单元格这种简单到不能再简单的问题，你就算不知道，百度一下不行吗？我的确很忙，她总是拿各种各样的问题来打断我的思路，让我的工作效率低下，导致我有时候需要加班才能做完工作，我真的很烦。付给我工资的是公司又不是她，能不让我的工作时间都围绕她转吗？

有些工作你不会我可以教你，但并不代表我要每时每刻为你服务，对于懒惰、不用心的人，我为什么要把自己的时间浪费在这样的人身上？要知道，帮你是情分，不帮你是本分。我不欠你的，没有义务做你的问题解决专家。

所以，初入新环境的宝贝们，当原本带你们的"师父"不想搭理你的时候，你先看看自己询问的事情是不是根本不值一提？能自己解决的，尽量自己解决；不能自己解决的，问百度；百度也解决不了的，再开口问别人。

四

说实话，这个世界上有些人脸皮非常薄，面对别人的要求永远都不好意思拒绝，所以就有人搞怪地给这些人起了个专属称呼——"便利贴"。这类人大多是初入职场或是性格温和的女孩子，她们在公司里什么脏话、累活、苦活都抢着干，整天任劳任怨的，却换不来别人的一丝尊重。有功劳的事，都被别人抢走了；出了岔子，全都推给她。

这类人放在早几年的偶像剧中，那就是妥妥的灰姑娘标配啊。可是偶像剧里有霸道总裁拯救她，现实生活中你有吗？

所以，如果你是这种人，别觉得憋屈，是你自己选择的。

我有个同学，之前她出租屋的客厅灯坏了，我看她一个小姑娘挺不容易，就去帮她修好了。哎呀妈呀，从那以后，她租的房子出现什么问题都来找我。有时候我实在脱不开身，让她干脆联系房东或是找物业公司帮忙处理一下好了，可她还是撒娇卖萌地说："你不是会吗？你就帮帮我吧！"

喂喂喂，你不能因为我好心帮了你一次，就把这件事整个推到我身上了。再说了，大家都女孩子，怎么就你是公主不能干脏活、累活、麻烦活，而我就是丫环非得帮你干？

你要是不会，可以去找维修工人啊！你知道我去你那里一次坐公交车往返就得两个小时吗？我也有自己的事情要做，我的时间也很宝贵好不好！我不接她的话，她就四处说她一个女孩子在陌生的城市无依无靠的，我作为她的同学连一点小忙都不肯帮她。

真让人无语。早知道她是这种人，从一开始我就不应该帮她。

诸如此类的人网上的吐槽到处都是，"你是设计师，帮忙设计个图标呗！""你是PPT高手，帮忙做个PPT呗！""有个视频你帮我处理一下，你最在行了！"……你知道自己随口一句话，对方要耗费多长时间帮你解决吗？你所谓的小忙，是别人凭本事吃饭的技能，凭什么就该平白无故地帮你搞定？如果你真有诚意，请拿出相应的酬劳再来请我帮忙。

别说我高冷，也别说我唯利是图，没有半点人情味。我只是不想拿自己的专业技能做你的免费工具，当你觉得我不好说话的时候，你想过自己的要求过分吗？

人类是群居动物，谁都需要朋友，谁也不希望自己落单。

如果你与我相识，只考虑我对你有没有利用价值，能不能帮到你，那我也要认真思考一下我们还有没有继续交往下去的必要了。我可以善良，但不是你打着朋友的幌子来对我提这样或那样要求的免费佣人。

　　当然，你非要说我是一个高冷、没有人情味的人也无所谓。只是，当你觉得我不好说话的时候，你有想过自己的要求有多过分或是自己说的话有多无聊吗？所以，麻烦你在打扰我之前先有点自觉性，我没有回复自有不回复的道理。我不愿意把时间浪费在无意义的事情上，也不愿搭理不想搭理的人。

　　我只想过好自己的生活，做好自己喜欢做的事。

　　拜托你，好好照顾自己行吗？

　　我真的没有那么闲。

千山万水后，我们还会重逢

北纬 39"26'至 41"03'，东经 115"25'至 117"30'，坐标：北京。

我曾经幻想过无数次会以怎样的心情站在这片土地上，是如愿以偿还是兴高采烈？我一定是穿着我最漂亮的那件衣服，脸上露出最灿烂的笑容，带着朝圣般的心情去拥抱你。

我对北京的所有印象，都是你给我的。

我的家乡是内蒙古的一个偏僻小镇。小镇景色优美，因为经济和交通的落后，这里仿佛如世外桃源般没有被过多打扰。在很长一段时间的记忆里，我的世界都只有单纯的"天苍苍，野茫茫，风吹草低见牛羊"。

是你的出现，给我带来了一个新奇的世界。

你是隔壁二奶奶的妹妹的外孙，来我们这里是为了探亲。在你还没有来的时候，我就听二奶奶说了好多好多关于你的事情。

"丫头呀！你姨姥姥家的那个孙子，在北京念大学，哪个大学来着？"

"他妈妈呀，从小就让他学习画画，他画得可好看了，等他来了，让他教你画画。丫头开学升初三了吧，让他给你辅导功课吧！"

"丫头呀！他来了你帮奶奶打听打听他有没有女朋友……"

你来的那天，我刚从学校拿回成绩单，因为有三门功课不及格，我妈正拿着扫帚追着我满院子打。就在我哭着求饶狼狈不堪的时候，你和二奶奶一起走进了我家的院子。

二奶奶一看我妈那架势，赶紧上来劝："丫丫妈，有什么话不能好好说，怎么又动起手了呢？你看你把都丫丫吓成什么样了。"

那是我第一次见你，你显然也被眼前的阵仗吓了一跳，但你很快调整了自己的情绪，笑着冲我招了招手。我赶紧跑到你身后，生怕再被我妈揪出来，你双手向后搂住我，轻轻拍着我的背，温和地对我妈说："阿姨，你要是不介意，我给妹妹补课吧！"

或许你这个大学生自带光芒，我妈听你这么说，很放心地把我交给了你。然后，我的整个假期就被你控制了。

你看着我的成绩单，眉头紧皱。第一节课，你问我："丫丫，你知道北京吗？"

"真逗，北京谁不知道呀，首都，天安门！虽然我没去过，但我听过。电视上天天播放呢。"

"那你想不想去北京生活呢？"

然后，你给我说起北京的南锣鼓巷，你说那里特别有文艺气息，你一有时间就喜欢去那里；还有后海，你说后海的夜晚又热闹又浪漫，有一种只可意会不可言传的美；你说护国寺附近有家小吃店的饭食特别好吃，那味道光是说说都忍不住让人流口水；你说有机会带我去爬长城，不到长城非好汉嘛。说完这些，你又感叹我的家乡没有像样的书店，没有像样的咖啡馆，也没有肯德基……

紧接着，你话锋一转，要我好好学习，努力去北京！你说等到我去了，你就带我玩，把你讲的所有好玩的地方都带我玩一遍。可是，这一切都得先考上重点高中才行啊。

于是，你轻轻地敲了敲我的小脑瓜，打趣道："小丫头，还是先好好学习吧！"

"哼！我才不要去北京，北京那么大，我还这么小。万一我被坏人拐走了怎么办？"我装作一点都不感兴趣。

你对我的装腔作势并不在意，而是笑着对我说："没关系，你来北京，我会保护你的呀！"

你保护我？你没开玩笑吧？虽然你比我大6岁，可是你来到我的家乡以后，还不是我照顾你。你不会骑马，也没抓过鸡，就连上山挖土豆你都不知道怎么挖。你说，你这么笨，你怎么保护我？

后来，你不知道从哪儿弄了一辆自行车，硬是载着我去河边写生，你说你要尽到"老师"的职责，一定要监督我好好学习。

唉，我拒绝都不行。

你一直穿得很干净，跟你在一起，我看起来总是灰头土脸的。我一直很好奇，为什么我俩一起出去玩，不管我们玩得有多疯，你身上愣是一尘不染，而我就跟刚从垃圾堆里出来一样。你总爱说："丫丫，女孩子气质很重要！你要有个女孩子的样子哦！"

真是老夫子！

整整一个假期，我都和你厮混在一起。

暑期结束开学摸底考试的时候，我的成绩进步神速，就连老师都一度怀疑我是否考试作弊。后来大家听说我假期一直在补习功课，纷纷问我报的哪个补习班，我特别自豪地说："给我补课的可是在北京上大学的学生呢。"

后来，我用压线的成绩顺利考上了市重点高中。还记得你临走前对我说过："丫丫是聪明的女孩子，只要用心，绝对天下无敌！"

必须的呀！

所以，能取得这么好的成绩，我必须得和你吹吹牛。

很久不联系你的我跑到网吧点开 QQ 空间想给你留言，却发现你空间里面净是一些点击赚钱的消息。

喂，你是被盗号了吗？

过了一个月，我又去网吧，你并没有回复我，你的 QQ 空间依然是那些乱七八糟的广告。难道我们之间这唯一的联系方式也断绝了吗？我心里一阵失落。你看，你都不知道你的小徒弟已经考上市重点高中了呢。可是，我转念一想，二奶奶应该会和你说吧！

其实，我考上的那所市重点高中教学条件并不算突出，据说二本以上升学率只有20%，一本的升学率就更低了，只有5%。如果想上二本，必须靠近年级前100名才可以。

刚上高中的第一堂课，老师问我们三年后想考哪所大学，我脱口而出："中国地质大学。"课堂上顿时发出哄堂般的大笑声，只有老师很温柔地鼓励我说："这位同学的目标很好，可是年级三百名开外的成绩想考进这所大学的确不容易。不过你还有三年时间可以努力，加油！"

真好，只要努力就有机会考到北京。

只是，三年的时间好漫长啊！

高二那年，我交往了人生中第一个男朋友。他是一个衣着干净、笑容好看，并且热爱运动的男孩子。就像你曾经给我说过的，希望我交往的那种男孩子。你说，校园时期的恋爱大多会分手，所以在一起时一定要好好珍惜。你还说，这话要是被我妈听见非得打死你！

管不了那么多了，青春懵懂的年纪，我就是喜欢他呀。

我和他是在两个班级打篮球联谊赛的时候认识的。那时候，我是啦啦队的队员，不知怎么的，他就惦记上我了，偷偷摸摸地托了好几个同学要到了我的 QQ 号，四处打探我的喜好，还偷偷地在美术课上画我的肖像送给我。嗯，还真别说，他比你画得好多了。

他长得很帅，笑起来很阳光，而且学习成绩很好，获得过很多奖章。第一次看他打球，真的被他灌篮的帅气动作吸引到了，一颗心怦怦直跳。

所以，后来他跟我表白的时候，我就红着脸答应了。

有时候我会想，年轻时候的你是不是也一样呢？校园时期的恋情果然像你说的那样，难免磕磕绊绊，我和他偶尔会吵架，偶尔会吃醋，但更多的是两个人对未来的美好期许。虽然不知道我们会在一起多久，但至少当时我不想和他分开。

我和他说，我有一个北京的哥哥，哥哥给我说起过北京，我想去看看。他笑着说我被哥哥口中的北京迷惑了，他去过北京，北京根本没有哥哥说的那么好。不过他说，他愿意陪我再去一次北京。当时听到他这么说，我以为这辈子就非他不可了呢。

然而，他只在我们学校待到高三上学期就出国了。他并没有陪我去北京，更没有和我天长地久。他离开以后，我觉得自己的心被人挖了一个大洞，空落落的。上次出现这种感觉，还是你大学开学离开我们的时候。

好奇怪，我感觉自己已经很久很久没有想起你了。你的样子，我好像也记不起来了。

高三下半年，我们的学业压力大到让人喘不过气来。而我的成绩，总是徘徊在年级前100名左右。我开始失眠、焦虑、紧张，脾气也变得很坏，动不动就想发火。妈妈给我说话开始变得小心翼翼的，老师劝我别太紧张了，放松一点更有助于考出好成绩。他们为我担心的样子，让我羞愧不安。我已经不再幻想自己能考入你的学校了，只希望能考上北京任何一所二本大学就好。

我不知道自己为何如此执着，或许是初二那年的暑假，你给我描绘的北京的样子太美了吧。

高考结束后，我因三分之差，被排除在北京的大学之外，只能选择本省的二本大学。

　　家里人都为我的成绩感到骄傲，觉得这在我们县城已经相当不错了，老师也为我高兴，夸我的努力终得回报。可是，这完全不是我想要的。我要北京，只有北京才是我梦想的地方，我坚持要求复读。

　　爸妈觉得我是不是疯了，好好的二本不上，干吗非要去北京。老师也觉得我太任性了，再复读一年说不定还不如现在呢，劝我三思。

　　我最终没有选择复读，选了本省一所二本就读。可我心中的梦想没有被浇灭，我决定考研，我要考上北京的研究生。

　　可是，直到拿到考研的复习资料我才知道，原来考研是那么漫长而又痛苦的一件事。为了不再错过自己的梦想，我从大一就开始努力。

　　那年的冬天特别冷，内蒙古突降大雪的那天早上，我刚到宿舍，还来不及掸去没过膝盖的雪就接到妈妈打来的电话，二奶奶过世了。眼泪"啪嗒啪嗒"直往下掉。脑海里顿时浮现出很多二奶奶的画面。

　　我的亲奶奶一向重男轻女，所以我自小就不怎么受她待见，反倒是我的二奶奶待我很好。

妈妈说二奶奶临终前她去探望，二奶奶还说起我呢。

在二奶奶心目中，是把我当亲孙女疼爱的。

在葬礼上，妈妈安慰着你的家人，劝他们节哀顺变。她无意中提起你，说那年暑假回来探亲的那个男孩怎么没跟着回来送送二奶奶？我从他们的只言片语得知，原来你大学毕业后就出国了。

大学四年，我每天抱着晦涩难懂的英语单词背个不停，那些拗口的哲学理念有时候能把人整疯，不是没想过放弃。可是，只要想到你给我描绘的美好蓝图，我就又有动力了。由于我经常早出晚归，不是在去图书馆的路上，就是在图书馆，所以整个大学时期我基本没交到关系特别亲密的朋友，就连同一个宿舍的姐妹，因为我不经常参加她们的聚会，给她们留下一种高冷学霸的印象，所以关系也不是很熟络。

可是，既然心怀梦想，就不能轻易放弃。这一次，我不仅想考去北京，我还想奔一个更好的未来。

皇天不负有心人，我的努力没有白费。我如愿以偿地考上北京一所重点大学读研究生。站在北京站，看着身边来来往往的人群，我突然想起你曾经给我说的那句话：没关系，你来北京，我会保护你的呀！

我来了。

可你怎么还没等到我，就离开了呢？

　　咦，北京和你说的好像不一样。南锣鼓巷到处是商业化的设施，哪里有什么文艺气息？护国寺附近的小吃店，我尝了好几家，都不是很好吃，难道我去的地方不对？后海也不像你说的那么浪漫，总觉得有种纸醉金迷的堕落感。长城我倒是去爬了，没有想象中那么难爬。

　　周末我去了一趟你的学校——中国地质大学，突然意识到一件事。我那么拼命想来北京，只是因为北京有你呀。你不在，就连北京都不是我想要的北京了。

　　我蹲在你们学校门外的马路牙子上，哭到不能自拔。

　　我不得不承认，在我即将升入初三的15岁那年，我喜欢上了21岁正在上大三的你。

　　研究生的生活，对我来说只是平淡无奇的"三点一线"。当初拼死拼活想来北京，可是没有你的北京一点儿也不美好。

　　因为成绩优异，导师很赏识我，推荐我去他朋友的一家公司实习。第一天去报道的时候，一个熟悉的声音在我耳边响起："你好，是老师介绍的实习生吗？"

我看着他傻笑，说："是我！你好，我叫周萤。"

他看着我愣了愣，像是在思索什么："总感觉我们在哪里见过，你要是不介意，我带你吧！"

恍惚间，亦如很多年前。

带我的这个人叫宫宇，他很尽心尽责，工作中我有什么不明白的地方他都会耐心地指导，直到我弄懂为止。为了不给带我的这位老师丢脸，我在工作上很积极，事事力争上游。宫宇看我这么卖力，给我开玩笑说："不愧是老师口中的优等生，好好干，实习成绩我一定给你满分！"

以前总是素面朝天的我，来到北京以后开始有意识地学习化妆、服装搭配，慢慢地，我从一个只穿运动鞋扎马尾的小女孩变成了会踩高跟鞋，画精致妆容的职场丽人。本科大学的舍友来北京旅游，顺道来看我，十分惊讶于我的变化，开玩笑说："一心一意只会学习的土包子什么时候变成了女神，北京真是养人呀！"

因为工作的关系，我和宫宇越来越熟悉，工作之余，他有时候会约我一起吃饭，一起看电影。虽然他并没有过多表示，但我隐隐约约能感觉到，他心里是喜欢我的吧。下雨天，如果我忘了带伞，他一边骂我是糊涂蛋，一边心疼地开车送我回家；

知道我经常不吃早饭，他会趁人不注意的时候往我抽屉里塞满零食；有一次我去他办公室拿资料，无意间看到他随手涂鸦的本子上，写满了我的名字。

有一次我们在一起闲聊，我说我家是内蒙古的，他眼前一亮，说他在大学的时候去内蒙古探过亲，然后说起好多好多当时发生的事。

原来真的是你呀。

没想到，千山万水后，我们还能再相逢。

眼泪不由自主地滚下来。

他吓坏了，以为自己说错了什么话，手足无措的。然后，就像我第一次见他的时候狼狈不堪一样，我哭得稀里哗啦，他给我表白了。他说："不要哭，不要哭，以后让我照顾你好吗？做我女朋友吧。"

他轻轻地用手圈住我，将我拉入他的怀中。

我抽泣着对他说："我想给你讲个故事，愿意听吗？"

有一个男孩，我认识他很久了。据说我两岁的时候，就见过他。当时我正在院子里被大黄狗追着跑，他一看我吓得哇哇叫，赶紧把我护在身后，对着大黄狗英勇无比地说："不许欺负小妹妹。"那年，他才八岁。

我十五岁那年，他再一次来探亲。我们又见面了。狗血的是，这一次见面是我妈追着我打，而他仍旧英勇地把我护在身后，对我妈说："阿姨，你要是不介意，我给妹妹补课吧！"那年，他二十一岁。

他不但给我补习，还给讲了很多有关北京的事。他给我讲北京的南锣鼓巷，讲北京的后海，讲北京的护国寺小吃，讲长城的绵延不绝。

他把北京描绘得那么美，让我觉得此生不去北京简直就是人生一大遗憾。

于是，为了去他所说的城市看看，我每天努力学习，就连假期也坚持每天背单词。

我的努力没有白费，我考到了北京。

可是，我并不开心。我觉得北京根本没有他说的那么好，既不文艺，也不浪漫，充斥在这个城市上空的不是大风，就是雾霾。最主要的，没有他。

没有他的北京，一点儿都不好玩。

我这才知道，早在十五岁那年，我就爱上他了。

原本以为没有机会再相遇的人，没想到前不久竟然又被我碰到了。你猜怎么着，他竟然是我实习单位的老师。

你知道我报到的第一天看到他的时候，内心有多激动吗？可是，他好像已经完全记不得我了。所以，我只好压抑着自己的感情做好他交代给我的每一项工作。我那么努力，那么上进，就是为了能让他看到我、发现我呀。

还好，现在他看到我了。

他说要我做他女朋友。

你说，我要不要答应他？

宫宇听完我的故事，惊得不知道该说什么好，他的双臂越来越有力，我感觉自己快要被他揉进身体里似的，都要呼吸不畅了。

这个大傻瓜。

你没有第一时间认出我没关系，好在千山万水后，我们还是重逢了。

爱自己，给自己最好的生活

我妈从小就不喜欢我们姐妹俩去大姨家玩，在她的传统思想中，总觉得大姨会把我俩教成响当当的败家子。

但是没办法，大姨家的好吃的时时刻刻吸引着我和姐姐，比如外国牌子的巧克力呀，没有吃过的糖果呀，好喝的酸奶呀，这些零食瞬间能让我们变成小馋猫。我妈知道后就会嘀咕，说那些都是垃圾食品，既不健康也不卫生。但我知道，其实是她舍不得给我们买。

我妈和我大姨虽然是姐妹，但两个人的消费观简直是千差万别。姥姥一共有五个孩子，当时的年月能吃饱就不错了，哪有什么好吃的。衣服都是老大穿完老二穿，除非是性别不一样，实在是没法穿，不然不穿到实在打不了补丁是不会丢的。所以轮到最小的妹妹穿时，那衣服常常都快不能看了。直到五个孩子一个个长大能自立之后，姥姥家的经济状况才有所好转。

就是在这种艰苦奋斗的环境中，我妈时刻保持着勤俭持家的作风。她的消费观是能穿就行，有吃的就不错了，没必要把钱花在用处不大的事情上。而大姨和我妈恰好相反，大姨觉得人生就是要过得舒坦才顺畅，只要是自己经济条件允许，想怎么花就怎么花呗！再说了，人活着的时候不享受，死了钱又带不走，何必苦待自己呢？所以大姨追求起时髦来，一点儿也不含糊，她的护肤品动辄上千元，姐妹几人中，她虽然最年长，但却显得最年轻。

大姨特爱教育我妈，说她："你就不能给孩子买几件好点的衣服吗？年纪轻轻的，让你打扮得跟叫花子似的！你小时候补丁衣服没穿够呀？你不爱美呀！"然后在我和姐姐点头如捣蒜的赞同中，掏出了给我们买的新衣服。

姐姐年长我八岁，在我还在念书的时候，姐姐已经大学毕业参加工作了。当她有自己的经济自主权以后，花钱作风几乎和大姨如出一辙。最直接的受益人是我，我高中的衣服和文具大多都是姐姐买来送给我的。为了顾及我妈的保守消费理念（其实是怕被她唠叨），一般姐姐给家里买的东西报价要么去掉最后一个"0"，要么说超市促销大抢购，要么说买的是即将过期大降价的商品。一开始，我妈并未起疑，久而久之，这些招数就不好使了。有一次，我妈直接问我姐："为什么你总能买到便宜的东西？在我的印象里，这种东西很少打折啊！"我姐只好假装接电话，赶紧溜了。

高中的政治课本上讲过一个道理：经济基础决定上层建筑。别扯什么精神的饱满才是最重要的，我就不信你饿着肚子流浪街头还能大谈诗词歌赋？人只有在基本的生理需求得到满足后，才能追求更高境界的事物。所以在花钱这个观念上，我和姐姐绝对赞同大姨的观点。

当然，我们提倡的是合理消费，而不是让你浪费。就好像勤俭节约是美德，但是过度节约就有点抠门了。比如你喜欢物美价廉，稍微多花点钱就觉得自己是冤大头，那是不是就有点不合适了？现在物价飞涨，什么东西都在涨价，虽然你不愿意多花钱，但你也得给商家预留一点营利的空间不是？

女孩子都爱美，喜欢各种买买买。有人喜欢逛地摊，各种淘宝。同一款式的廉价衣服一买能买好几件。有些衣服刚买回来看着还好，结果没穿几次，不是掉色、脱线就是一扯一个大洞，根本没法再继续穿。你算算看，你倒是买得便宜了，但是没穿几次就废了，到底是浪费还是节俭？

要知道，"便宜没好货，好货不便宜"这是商业活动中经久不衰的道理。所以，买东西虽然要看价钱，但是质量也很关键，一分价钱一分货。

于是有人劝你，买那么多用处不大的，不如买一两件质量好的，这样穿在身上又舒适又体面，还能穿得时间长。

你又不愿意了。你说自己没那么多钱，还是买便宜的最划算。

得，既然你坚持这种观点，我也不多废话了。反正在你的消费观念里，使用寿命和产品质量都是次要的，价格便宜才是第一要素。可是，再怎么便宜的商品也是要钱的呀。你一边说着不要当冤大头，一边把商家拿出来处理的衣服当成宝贝买回家，到底是聪明还是傻？

衣服、鞋子之类的，凑合着能穿也行，最令人难以理解的就是一些女孩子一边爱美如命，一边贪图廉价的化妆品。你没想想，如果一百多元的化妆品和专柜一千多元的化妆品效果差不多的话，那开专柜和买专柜产品的人都是傻瓜吗？你一开始试用效果还可以，是因为里面含有大量的激素啊！那些为了让你尽快看到效果而添加的重金属会对你的皮肤造成伤害，你考虑过吗？这种伤害轻则只是皮肤过敏，重则是要毁容的呀。

节约不是错，错的是你在不该节约的地方节约，等于变相地浪费。你想，当你发现自己的皮肤由好变坏之后，你治疗花的钱是不是比你买专柜护肤品花的钱还要多？如果你任由皮肤变差，不再把钱花在护肤上，那你受损的形象给你带来的各种危机算不算一种隐形消费？

你一味地对自己抠门，不知不觉中害了自己都不知道，还以为自己捡了大便宜。你要知道，这个世界上有一种人生，是花钱可以买到的。

当然，我说的这种可以买得到的人生并不是让你不顾自己的消费水平，去买一些对你来说有经济压力或是明显跟你无关紧要的东西。而是让你在经济条件允许的情况下，尽可能选择一种既舒适、合理又美好、惬意的生活。

理财人士经常会讲"三步理财法"，意思是说：无论你的收入是多少，都要分成三份，一份用于日常开支，一份用于储蓄，一份用于投资。其中的"投资"并不仅限于用来买理财产品，还包括用于学习、聚会、社交。社交也算投资？难道人和人交朋友，就是看钱吗？

人和人交朋友最看重的，当然是感情。但是维持感情就不需要钱吗？你和你的好朋友在一起出去吃饭、喝茶每次都要对方买单吗？你为了签下一个单子，私下里请客户泡个温泉，不用花钱？

我认识的一个人，简直和巴尔扎克笔下的葛朗台一模一样，都是一毛不拔的"铁公鸡"。给别人打电话，电话接通响两声就挂断，问他为什么，他说别人看到会给他回电话的，这样他就不用花电话费了。和朋友出去聚餐，从来没请客过，就连 AA 制的聚会也不参加，除非有人主动提出请客他才会去。明明不顺路，硬是让别人打车绕远去送他，也不说车费平摊，到地方说声感谢就走。

抠门就抠门吧，他还大言不惭地说自己是个居家过日子的好男人。

真是呵呵了。

朋友多了路好走，这是世人都知道的道理。你能保证自己一辈子不遇到难处吗？你能保证自己事事都能自己搞定吗？珍贵的友谊不是金钱换来的，但维护友谊是需要花钱的呀。一起吃饭需要花钱，逢年过节的贴心小礼物需要花钱，给你制造惊喜需要花钱……你这么抠，事事都要算计自己吃不吃亏，谁还能和你做朋友？

世界这么大，你想去看看。可是，"看看"也是要花钱的。当然，你可以选择一些免费的景点去看看，不用想就知道，那收获能和花钱感受的风景一样吗？如果不花钱就能感受到诗和远方，就没有旅游这个产业了。

有个朋友从上大学就开始兼职，手里攒点钱就趁着假期出去玩。先是省内游，然后是省外游。本着年轻就该多出去见见世面的原则，有时候就是借钱也要出去玩。

因为经济条件有限，他一般都是乘坐火车硬座，到了目的地就找最便宜的旅馆，能睡觉就行。然后是景点，超过50元的一律被排除在外，不管当地的美食有多有名，他都只吃最便宜的。有时候一个包子、一个手抓饼就凑合了。总之，能省就省，典型的"穷游"。

你听了我说的，会不会觉得他特别厉害，虽然没有钱但还是去了那么多地方，领略了那么多风景，这比整天闷在学校图书馆看地理杂志真实多了。

可是你有想过吗？这种"穷游"除了浪费自己的生命，到底有何意义？且不说你因为舍不得花钱在旅途中受到的种种委屈，就是网上隔三差五就爆出的那些为了躲避门票而从山上失足的新闻你就不觉得可怕？这种随时有可能丧命的"穷游"有什么值得炫耀的？

开阔视野？陶冶情操？如果你真有这样的情怀，面对几千年文化沉淀下来的丰富遗产、现代科技构建的完美建筑、大自然鬼斧神工赏予我们的礼物，你还能舍不得那几百块的门票钱？

去西安不吃羊肉泡馍，去内蒙古不吃烤羊腿，去大连不吃海鲜……你去旅游不吃当地特色美食，难道还准备自带干粮，走一路吃一路？

真搞笑，你这样折腾来折腾去的旅游，除了朋友圈的定位地点知道你去了，其他的和去本市免费景点有什么区别？不是你去过这个城市就了解了这个城市的文化，你买回来一本书就代表你读过它。如果出去旅游只是为了出去，那还不如闷在家里上网查查当地的风土人情来得逍遥自在。待在家里看地理杂志，连车费都不用花，岂不更省钱？

有人说，最能挣钱的人往往也是最会花钱的人。他们懂得享受人生，认同金钱带来的舒适生活，并愿意为之去努力挣钱。而不会花钱的人，一直陷在"贫穷"思维里：我的钱这么少，我不能乱花，钱花完了怎么办……可是，钱从来都不是越攒越多。谁都知道，真正的生财之道是让钱赚钱。且不说现在通货膨胀那么厉害，存钱就是变相把自己的钱借给别人花，就是你稍微投资不当，都可能血本无归。

可是，该投资的还是要投资，该花的还是要花。你好不容易出去旅游一次，就应该自己预留一个合理的预算，这个预算不是让你铺张浪费，花一些不必要的钱，而是让你节省一部分体力，去看更多的风景。

这个世界，能用钱解决的问题都不是问题，如果钱能给你买来舒适和快乐，你为什么不愿意尝试呢？一个人的消费观，从某种意义上，也是一个人的格局观。凡事太小气，事业上也很难有大成就。

希望你能爱自己，在力所能及的范围内，给自己最好的生活。

对未来多一点希望，多一点努力

即将上大学的山东临沂女孩徐玉玉接到了一个"171"开头的电话，电话另一端自称是教育局的，有一笔助学金可以发给徐玉玉，单纯的徐玉玉信以为真，就按照对方的指示将自己账户内的学费9900元钱汇给了对方，然后对方"失联"，徐玉玉这才发现自己被骗。当晚，徐玉玉在报案回家途中心脏骤停，经医院抢救无效，不幸去世。

广东省揭阳市一位即将上大学的女生离家出走，家人在其QQ说说上看到了她的留言：我被诈骗短信骗走了学费10000多元，无颜面对家人，选择自杀。她在QQ中这样说道："当你看到这条说说的时候，我应该已经自杀了，自杀的原因就是因为自己太蠢了……"8月29日，警方在海边找到了她的尸体。

……

不知道从什么时候开始，网络上充斥了很多这种大学生因钱财被骗而受不了压力放弃生活的新闻。一方面，大家觉得很诧异，这些骗局明明简单得不能再简单，为什么都是大学生了，还有这种"贪图"小便宜的心思而导致自己上当；另一方面，大家又不免感叹生命的脆弱，仅仅因为几千元钱，就放弃了自己的生命，实在太不值得了。

我记得当时看到这些新闻的时候，我和"狗哥"探讨过，他说："一支限量版的口红你舍不得买，就嘟囔着自己穷死了，可是你能想到一支普通的 100 元的口红可能是农村孩子三个月伙食费吗？"

狗哥是我的朋友，农村人相信起个烂名好养活，所以家里人就喊他"狗剩"，后来我们管他叫狗哥。

狗哥出生在我们家乡那片一个特别贫穷的村子里。连温饱都成问题的村子，可想而知能有几个孩子能上得起学了。所以，狗哥村子里的人认识字的没几个，很多人勉强念完小学就不读了。狗哥爸爸去世得早，妈妈一个弱女子，能做多少农活呢，爷爷奶奶又上了年纪，所以狗哥也想辍学。可是狗哥他妈死活不让，说唯有知识才能改变命运，托了好几个人，硬是把狗哥送到镇上读书去了。

当时，内蒙古的九年义务教育刚刚实施，初中的学杂费免了，狗哥又是特困生，所以学校把书费等乱七八糟的费用也就免了。狗哥觉得妈妈那么辛苦养他，既然上初中不用花钱，那就念吧。

狗哥的班主任是一个势利眼，在他眼里，只喜欢两种学生：家里有钱有势的、成绩好的。

我们都爱说人穷志短，对，当你连温饱都困难的时候谈个屁的志气。你们以为的区区一点钱，真的是会逼死人的，那种望不到尽头的绝望，活生生地压得人喘不过气来。

从村子里刚刚来到镇上念初中的狗哥哪方面都不符合班主任心目中的"好学生"标准，所以班主任很不喜欢他，更过分的是，狗哥只是在上课的时候回答错了一道题，班主任就用各种难听的词语去数落他，什么穷苦人家的孩子就是不知道上进，一辈子只能回家种地……总之，从他进入这个班级开始，他就成了班主任口中的反面教材。

初中的孩子，心智都还没有成熟，看到班主任对狗哥是这个态度，其他的同学自然对狗哥也没什么好脸色。不懂事的同学们经常故意逗他，让他在众人面前出丑。一个家境贫寒，学习又不算优秀的孩子面对这种欺凌，能怎么样呢？他不敢反抗，也没能力反抗。

狗哥说，那是他人生中最黑暗的时光。他想回家，却又怕辜负妈妈的期望，只有更加努力学习。他以为，只要他的成绩上去了，班主任自然会对他刮目相看，到时候同学们也不会欺负他了。可是，即便后来狗哥的成绩考进年级前十名，班主任依然不喜欢他，同学们依然很讨厌他。或许，那个好欺负的贫穷人家的孩子已经在大家的脑海中根深蒂固了。

就这样，狗哥在极度压抑的氛围下，考入了市重点高中。高中的学费，因为他向学校申请了贫困补助，所以被免除了，可是一学期 800 元的住宿费与伙食费成了他最大的难题。

他知道，家里是绝对拿不出这笔钱的。怎么办呢？为了筹到钱，他一个十五岁的孩子谎报年龄，趁暑假还没有开学期间去工地搬砖。包工头看他面黄肌瘦的，实在不像年满十八岁的小伙子，就问他到底有没有谎报年龄，为啥要出来挣钱。狗哥一看老板也挺诚恳，就实话实说了。他向包工头坦白自己想上学，可是家里只有母亲一个人挣钱，实在是穷得没法子，可是妈妈又说只有知识才能摆脱贫穷。

包工头也算是个心地善良的人，就冒着犯法的风险雇佣了他这个童工。但是，包工头没有给他安排搬砖的工作，而是给他找了一份相对轻松一点的计量工作。然后，包工头再三告诫狗哥，若是有人问起他的身份，就说他是自己的外甥，千万不能说岔了。

从那以后，高中三年的寒暑假，狗哥都跟着那个包工头干。直到狗哥考上大学才知道，原来他打工挣来的那些钱都是包工头自掏腰包付给他的。他说狗哥不仅是个好孩子，还是个有志气的人，说如果狗哥想报答他的话，就好好学习，争取早日让家人过上好日子。

　　除了寒暑假，狗哥平时也会找些兼职的工作来做。高中的下午放学和晚自习之间有一个半小时的休息时间，从晚上五点半到七点，狗哥在学校对面的一家麻辣烫店找了份打杂的工作，一个月 100 元，还包一顿晚饭。

　　当时狗哥一天的伙食基本上就是早上一碗炒饭 1.5 元，中午买 2 个馒头就咸菜，晚上就在人家店里吃。

　　我一直觉得自己大学毕业后没有管家里要过一分钱就已经很牛逼了，没想到狗哥从高中就已经开始接济家里了。

　　可是，等到狗哥如愿以偿地拿到大学通知书的那天，他们家却发生了一件至今都让狗哥无法释怀的一件事——他的爷爷自杀了。

　　因为穷。

　　狗哥的爷爷生了重病，听说要花很多钱，而狗哥刚刚收到大学通知书。爷爷知道孙子一向孝顺，一定会选择为自己治病，为了不耽误孙子的前程，所以没有去医院做进一步检查，就自己放弃了生命。

　　狗哥说："我到现在都不知道爷爷当时究竟得了什么病，怎么连查都不愿意查就那么走了呢？"

　　世人都说，钱不是万能的，它买不来生命，也买不来时间。

　　放屁！

　　如果一个人病了，他有钱的话，就可以去最好的医院找最好的大夫去看病，就算固有一死，也能多活些日子，少受些罪。

而穷人，真是连病都不敢生，因为一个不小心，可能就会丧命。

高额的学费让狗哥在大学期间也没有片刻的放松，他依然像高中时期那样坚持勤工俭学。好在他再也不是十五岁的懵懂少年，而是一个年满十八岁的大小伙子了，可以选择的兼职也越来越多，从服务生到家教，从发传单到活动执行，只要不与正常的上课时间冲突，狗哥几乎从来没浪费过一点休息时间。

在学校的勤工俭学中心，狗哥认识了一位和他有着同样家庭困境的女孩。女孩温柔善良，努力坚强，让狗哥佩服不已。可能是同等的遭遇让他们惺惺相惜，慢慢地，两人走到了一起。

是啊，两个敏感、自卑，和舍友出去聚餐都舍不得，大学期间除了上课就是打工的人，怎么会不觉得孤单呢？好在两个同病相怜的人，除了能给予对方理解，还能给彼此带来光芒。

可是女孩宿舍的姑娘一听说女孩找了个和自己家庭条件差不多的男朋友都劝她早点分手，说女孩是不是傻了，女人再穷，总还有嫁人这条路可以改变命运，她现在傻傻地找个跟她同样穷的，两人倒是"门当户对"了，可以后的日子要怎么过呢？

狗哥说他不怪女孩宿舍的其他姑娘那样说他，他的确是穷，这是他和女孩都知道的事实。他唯一能做的，就是一边加倍对女孩好，一边为自己和女孩的未来更加努力。他说，他不想让女孩失望，更不想让女孩为自己的选择有过一丝的后悔。所以，哪怕他上了一天班累得要死，他也坚持去接女孩下班。一发工资，就带女孩去改善伙食，说是改善，其实也就是请她吃顿很多年轻女孩子爱吃的肯德基，还是最便宜的那种，狗哥自己是舍不得吃的，只要女孩吃得开心他就心满意足了。

他拼命加班，拼命挣钱，除了寄给家里的，还完助学贷款，剩下的全都交给女孩，让女孩不用委屈自己，想吃啥用啥尽管买。可女孩也是穷苦人家出来的人，自然知道挣钱的不易，哪里舍得乱花，全都替他悄悄存了起来。

狗哥说，他当时特别想给女孩一个承诺。可是承诺什么呢？自己明明是个穷光蛋，还硬要给人家画大饼的事，他可干不出来，所以常常是做得多说得少。

毕业后，两个人一起留在城市中打拼，在一间租来的小屋里相依为命。狗哥说，看女孩知足的样子，别提他心里有多难受了。别的女孩轻而易举就能得到的东西，可他却只能眼睁睁地看着女孩羡慕的目光假装不知道。

但狗哥也知道，穷不可怕，最怕的是不上进，让人家看不到希望。

所以，为了女孩更好的生活，狗哥在工作上往死了拼，别人不愿意接的客户，狗哥接；别人嫌苦不爱干的活，狗哥干。他心里只有一个信念——升职加薪，可是白手起家太难了。

姑娘还是没等到。

大家常说，如果一个跟了你很多年的姑娘最终因为你穷而选择离开你，那一定不是她嫌贫爱富，而是她在你身上完全看不到希望。

可再怎么说，女孩的离开，很大程度上依然是因为他穷。

起因是女孩的妈妈来城里看她，母女俩在他们的出租屋里大吵了一架。她妈妈说："我这么辛苦供你读书不是让你找个穷光蛋，我送你上大学就是希望有朝一日你能嫁个有钱人，帮衬一下你弟弟。你当年哭着喊着要上大学的时候怎么答应我的，你说你一定会找个有钱的，给你弟弟盖新房。现在呢？钱呢？你和这个穷光蛋有什么前途？"

狗哥那个时候才知道，女孩和他在一起承受着多大的压力。

他一个热血男儿，为了让女孩妈妈答应他们在一起，跪在地上发誓，自己一定会让女孩过上好日子，也会帮女孩的弟弟盖上新房。

啪！

一个大嘴巴子甩过来！

女孩的妈说："你就饶了我闺女吧。瞅瞅你那德性，你连自己都没活好呢，还能让我闺女过上好日子？你所说的好日子，就是让我闺女跟着你窝在这个不足10平方米的破出租屋里受苦？你让我闺女过上好日子，就是让我闺女穿廉价的地摊货？再说了，你知不知道我闺女的经理正在追求她，她为了你，愣是把人家晾在一边，你说你跟人家比得上吗？人家开宝马，住洋房，你有啥？你就是努力一辈子，你也买不起这个城市的一个厕所！赶紧跟我闺女分手，可别耽误她了……"

声声入耳的侮辱，就像是一把匕首，一刀一刀地插进狗哥的心里。最终，那场混战以女孩的妈妈大获全胜正式结束。

女孩的妈妈以死相逼，女孩妥协了，狗哥认输了。

狗哥不怪女孩，也不怪女孩的妈妈。爱情是有钱人才玩得起的游戏，穷人连温饱都成问题，哪有资格谈什么爱不爱的。

狗哥怕女孩没地方住，一天之内搬走了自己所有的东西，然后从姑娘的世界彻底消失了。

他忽然觉得人生了无生趣。

因为贫穷，他失去了亲人；因为贫穷，他失去了爱人；因为贫穷，他受尽屈辱。为什么他都那么努力了，还是看不到光亮？为什么别人不屑一顾的东西，他却求而不得？

他不知道活着还有什么意义，努力还有什么意义。

他太累了。

记得之前有一篇特别火的文章，名字叫《我努力了18年才和你一起喝咖啡》，说一个出身寒门的人只有不断努力才能有和城市中同龄人平起平坐的权利。

这个世界本来就不公平。有的人一出生就含着金汤匙，有的人一出生就温饱都成问题。一个人的财富是决定了他的社会地位，这是现实生活中最真实的写照。我们去购物的时候，穿着稍微寒酸都有可能受到服务员的白眼，别说其他看重权势的场合了。因为贫穷，我们遭受过的困境还不够多吗？

但是穷，也要穷得有骨气，只有不服输，才能站起来。

狗哥无疑是众多贫困家庭中还算幸运的一位，他虽然遭受过种种不公平，多次心灰意冷想要放弃，却最终还是坚持下来了。

他说支撑他坚持的，就是人生中帮助过他的每一个人：母亲，包工头，女孩……他们都曾为了让他活得更好而尽心尽力，他凭什么说放弃？

和狗哥村子里那些当初没有选择读书的人相比，现在的他已经有能力接年迈的母亲进城享福了。

回到故事的最初，狗哥说，他完全可以理解那些因为钱而想不开的人，亦如当初的他，有多少次都是被贫穷击败。

只是努力了那么久，如果没有看到成果就放弃，你真的甘心吗？与其抱怨父母没有给我们好的家庭条件，还不如早点出发，为你的孩子挣一个好的未来呢。

贫穷的确容易让人心生绝望，但绝对不足以拿死亡抗衡。生活都是朝着越来越好的方向前进的，只要你不放弃、不认输，继续努力，继续加油，你想要的，岁月都会给你。

愿你没有被生活的种种苦难击倒，愿你的辛苦努力终有回报。

生命短暂，永远不要伤害一个你爱的人

《匆匆那年》里面有一段非常经典的台词："所有男孩子在发誓的时候都是真的觉得自己一定不会违背承诺，而在反悔的时候也都是真的觉得自己不能做到。所以誓言这种东西无法衡量坚贞，也不能判断对错，它只能证明，在说出来的那一刻，彼此曾经真诚过。"

爱情亦然。当初爱你是真的，后来不再爱了，也是真的。可是，世间有一见钟情，却难有瞬息不变的佳偶。爱上你，可能只是一瞬间的事，不爱你，却是让人难以察觉地逐渐后退。有时候，我们明知道两个人的感情出现裂痕，拼命想抓着，奈何感情就像掌心的细沙，抓得越紧，流失得越快。直至有一天，曾经的枕边人，突然出现在别人的世界里，站在别人的身边，我们才不得不面对现实：那个人，终究是抓不住了。

成熟理智的成年人处理无法挽回的感情，自然是好聚好散，既然不爱了，就早点分手，也算是给彼此一个交代。可现实生活中，真正有这种大智慧、大胆识的人并不多。更多的人是骑驴找马，明明已经不爱了，依然是抓住不放，然后在两个人还没有完全分手的情况下，就开始其他的恋情。这种情况下，不管是已婚还是只是情侣关系，只要是有伴侣还去外面招蜂引蝶，统统是"出轨"。

毫无疑问，出轨是对爱情的背叛。这个观点应该没有人会否认，但是出轨真的和爱情可以完全画上等号吗？

很多人出轨并不是不再爱自己的另一半，或是完全被外面的人迷住，而是眼睛一闭根本没有多想就出轨了，这种另类又常见的出轨方式有种非常时尚的说法，叫盲式出轨。盲式出轨有点愣头愣脑，自己也搞不清楚情况的意乱情迷。他没有否定你们之间的美好，也没有想过完全放弃你们的婚姻，他只是没有按照先前的剧本上演。

君不见头条新闻上隔三差五就曝光某位明星夫妻早就貌合神离的婚姻生活，大多是男方出轨、养小三，而老婆为了大局着想，出面解释一切都是误会。先不说到底是真误会还是假误会，就说老婆这种护犊子或是忍气吞声的态度也让众多吃瓜群众是恨铁不成钢。得，生活终究是人家的，我们也不要操太多闲心了。

记得当时我们同事有关于这个话题讨论，大意就是如果发现另一半出轨，要怎么办？是原谅还是坚决离婚？

"原谅？那绝不可能，我可受不了！"

"可是你们都有孩子了？"

"我告诉你，出轨只有零次和无数次，有孩子也必须离婚。你别告诉我，你遇见这种情况，你不会离婚。都是新时代女性了，你又不指望老公养你，干吗惯他这些臭毛病！他有本事出去乱搞，那就让他付出代价喽！"

说实话，如果有一天我遇见这种状况，还真是不知道自己会如何办。可我一个大龄单身女青年也想对于出轨这件事谈谈自己的看法。

出轨的确会给婚姻造成毁灭性伤害，尤其是老婆怀孕期间出轨的男人，更是让人难以原谅。很多人一遇见配偶出轨，不是破口大骂就是哭死哭活要离婚，觉得自己当初真是瞎了眼，怎么看上这么一个狼心狗肺的东西，简直就是有眼无珠。可是，挥刀断情不是人人都能做到的，也不适用所有配偶出轨的家庭。

面对爱人出轨，的确会伤心、难过、想不开，但是也请不要过分地怀疑当初，当初的美好都是真的，当初爱你也是真的，即使现在想来略显心酸。尤其是身为普通人，不能拿自己的婚姻参考明星的婚姻关系。明星因为自身的商业价值，很多人不是结婚了不敢公布，就是明明婚姻关系不是很好，但还是会在镜头前秀恩爱。中国人素来喜欢大团圆结尾，就算离婚或是闹不和，也是希望好聚好散。所以很多明星夫妻都会给自己立一个"居家爱妻好男人"或"贤妻良母真女神"的人设，电视上各种撒狗粮，仿佛童话故事中的爱情，大概对方是拯救了银河系才遇到彼此这样的人。

大家看得乐呵，自然也容易把他们"秀"出来的爱情当作自己对美好爱情的期许与幻想，将这些完美人设当成自己对另一半的择偶要求，天天在人家微博下面留言：请一定要一直幸福下去啊！

等到某一个真的一个不小心被曝出出轨丑闻，曾经的美好期许就像泡沫一样，全部化为乌有，于是又恶狠狠地放话：我再也不相信爱情了！每当遇见这种人，我都想问一句：人家出轨，跟你有什么关系？出轨的对象是你吗？

作为公众人物，那些出轨的明星没有起到良好的社会模范作用，的确是他们不对。但从本质上来说，只要出轨的对象不是你，那就跟你一点儿关系都没有。你既没有权力站在道德的制高点去评判他人，也没有资格对他人的生活指手画脚。

说到底，还是人家夫妻的事啊。

还有一点需要了解清楚，出轨就是对原配的否定，就是不爱原配了吗？

我曾经问过身边几位男性朋友对出轨的看法，他们的答案几乎是相似的。站在男性视角，大家都是成年人，有时候难免逢场作戏，一时把持不住，但绝对不能有婚外情感关系。当我问及理由时，答案也几乎一致：不想被外面的情感关系所扰。

针对这种有点"双标"的说法，我很是诧异。出轨就是出轨，哪有什么逢场作戏，不管你是走心还是走肾，是追求刺激还是寻找新鲜感，在明知道出轨会对自己的爱人造成伤害时，依然不加以约束，都是不道德的。

这里面还牵扯到一种隐秘性很强的出轨——精神出轨。精神出轨和肉体出轨，如果非要二选一的话，你能接受哪一个？

精神出轨，顾名思义，对方心里藏着另外一个人。那个人虽然没有实质性地对你们的感情造成破坏，但是却像有一种无形的力量夹在你们中间，让对方对你越来越冷淡。如果你去质问对方是不是有了新欢，通常得到的都是否定答案，而且为了掩饰自己内心真正的想法，对方还会倒打一耙，认为你是无理取闹，故意冤枉人。可是，你明明在他的眼里看不到他对你的爱，也感受不到他对你的爱了，其间的委屈和苦痛说出来没人相信，不说出来自己都快要憋出内伤了，结果对方完全不以为意，依然我行我素。

而肉体出轨，基本就是实打实地背叛了。有人说，一个人纵然无法控制自己的思想，但总能支配自己的肉体。如果一个人不能控制自己的身体，那和动物有何区别？与"发于情，止于礼"的精神出轨相比，肉体出轨完全就像是一道很深的伤疤，即使你用再高级的祛疤霜也难以抹灭它的痕迹。

所以，有人把出轨看作一不小心钱掉进了茅坑，恶心得你不知道到底是捡起来还是就此不要。

我有个朋友，很不幸地被"三"了。

那个时候她刚上班不久，有一天下班刚出园区的时候碰巧遇到隔壁楼栋的一个男人，那个男人长得很帅并且对我朋友一见钟情，追着公交车管我的朋友要了电话号码。

紧接着，那个男人就开始频繁联系我这位朋友，不仅接送我朋友上下班，带我朋友吃好吃的，而且隔三差五还会整个意外惊喜。说实话，我朋友当时很心动，但同时她又是个非常保守的女孩，所以，尽管对方攻势很猛，但并没有明确表明态度，而是想再考察考察，然后再决定要不要在一起。

就在这当口，有一天突然有个大着肚子的孕妇带着几个人去敲我朋友家的门，我朋友这才知道男方已经结婚，并且妻子怀孕五个月。妻子看到自己老公给别的女人发的暧昧短信，认定是外面的女人勾引了自己老公，顿时气势汹汹地来找"狐狸精"算账。

朋友解释说自己不知道那个男的有家室，不然根本不会理他，而且是男的一直在追求自己，自己一直没答应。怀孕的妻子幸好还保持着一丝的冷静，认认真真地听完朋友解释的前因后果后，感觉非常痛苦。

就在这个时候，男主角找了过来。面对怀孕的妻子和自己追求的人，他竟然将所有过错全都推到我朋友身上，说自己连朋友的手都没碰过，完全是我朋友自作多情，一厢情愿地以为他喜欢她。

天啊，世界上竟然还有这种渣男！敢做不敢当也就罢了，被揭穿了，还把脏水泼到无辜的人身上也是没谁了！

朋友本来还想跟男人留点面子，可是听男的这么一说，当场怒了，就把男人从怎么勾搭自己到为了得到自己做的所有事情抖落了出来。

这下轮到怀孕的妻子傻眼了。她说，她从大学时期就跟这个人在一起，两个人从相识到相爱再到结婚一直很恩爱，老公对她很好，温柔体贴，关爱有加。所以，即使不被父母认可，她依然还是决定嫁给他。她以为他会看在她为他放弃那么多的份上，会一直对自己好，而他在她面前的确是这么做的。她也一直以为自己是世界上最幸福的人。没想到自己心心念念的枕边人，竟然是这么一个狼心狗肺的东西。

是啊，你是没碰人家的手，但是你一个已婚人士，还拈花惹草，到处留情，去招惹一位未婚姑娘，这不是就是耍流氓吗？你不是没做，你是没得逗！

妻子说，她的骄傲不允许她接受这样的婚姻，她可以陪他过苦日子，可是不能容忍他对她的背叛，哪怕是精神背叛也不行。所以，她决定把孩子做掉，跟男人离婚。

朋友和我说起这件事的时候，除了感慨自己有眼无珠，差点儿被人骗了，就是替那个女人惋惜。她原本也是想跟男人好好过日子的，两个人也有深厚的感情基础，可男人愣是不知道珍惜，趁妻子怀孕期间还出来偷吃，实在是罪不可恕。虽然孩子是无辜的，但是有人就是想一切重新开始，我们还是尊重她的选择吧。

"我只是犯了一个男人（女人）都会犯的错"这句话简直就是给所有出轨人士量身定做的辩解词。

对不起，我只爱你一个，当时只是有点意乱情迷；对不起，我那个时候只是喝多了；对不起，当初是他勾引我的……面对对方的道歉，你不知道应该选择原谅还是坚持离婚，可是不管哪种结果，伤害的都是自己。

不原谅，孩子刚出生就没了爸爸，多可怜；不原谅，二婚的女人不值钱，你还年轻不太懂，男人嘛，谁还没出轨过一次。

如果你坚持离婚，几乎百分之九十的人会拿上面这些话来劝你。好像离婚是你的错，是你太固执了，是你不识大体。可是原谅哪有这么容易，且不说"出轨只有零次和无数次"这句话到底是不是真的，就是那个人真的就此回归家庭，再也不出去乱搞了，你还能像当初那样信任他吗？你能保证这根刺再也不会刺痛你吗？生活不如意时，你能保证不提起这件事吗？

出轨，出的是一时痛快，毁的却是一个家庭。

我有个好朋友对这件事有个观点，我觉得可以借鉴一下：你可以爱别人，但是要先和我撇清关系。爱我时，就全身心爱我一个人；不爱我时，就大大方方地说分手。

观点很好，但中间有个时间点的问题。因为很多出轨未必是蓄谋已久，更多的是电闪雷鸣一瞬间的激情。还没得来及跟上一段划清界限呢，却发现自己已经爱上了别人。

而且，在很多婚姻关系中，出轨的一方大多不愿意离婚或是分手。一是能真心实意地在一起过，肯定是有一定的感情基础的，不可能说忘情就忘情。二是两个人决定在一起之后，就不再单纯是两个人之间的事了，而是两个家庭之间的事。

所以，出轨虽然不道德，但是法律对此却没有明确的制裁。更何况真要离了，家产怎么分，孩子的抚养权怎么协商？如果自己因为出轨落得一个"陈世美"或是"潘金莲"的称号，那不是对自己的工作、生意都大有影响吗？而且孩子作为父母爱的结晶，却要平白无故遭受父母感情失和所带来的创伤，这对孩子岂不是太不公平了吗？面对以上未知的代价，仔细一合计，因为一时的出轨就结束一段婚姻真的值得吗？

电影《失恋33天》里的女主角开头就被绿了，男朋友出轨的原因就是受不了她了，最终投入她人怀抱。有一种人就是这样，两个人在一起之后就开始懈怠，事业上不再追求上进，生活上蓬头垢面，自以为生活在幸福之中，却没发现当你停滞不前的时候，对方早就距离你很远了。当你们的矛盾越来越多，另一个足以温暖的人出现时，对方自然就不那么坚定了。第三者固然可恨，但是一个人若是对自己的感情听天由命，从不用心去维护，那也只能说是咎由自取吧。

生命短暂，如果你不愿意失去自己爱的人，那就好好经营你们的感情。没有谁一定要为另一个人忠贞不二，也没有谁保证在面对外来诱惑时一定不动心。所以，在面对感情时，若想让"愿得一心人，白首不相离"变成实实在在的人生，就应该从自身做起，从维护爱情的忠贞做起。

你对爱情的尊重，纵使不能使你人生一帆风顺，不会遭遇坎坷的爱情经历，但至少你能少遇一些渣男（女）。

希望每个人都可以活得潇洒，即使面对诱惑也能坚守自己的底线，即使不爱也不去伤害那个爱你的人。

当然，我更希望每个人都能遇见一直爱自己的人。

快乐，是命运赐予我们的盔甲

"爱笑的女孩运气不会太差"这句话是安安的人生座右铭。

百分之八十的朋友包括我都不止一次地问过安安："你这一天天哪来的那么多快乐的事情，自己都能把自己逗乐了。"安安很诧异："我不笑，难道还哭吗？"

我们倒真的研究过安安之所以爱笑，是不是因为她的运气确实很好的缘故。然而论证过后，我们不得不承认，根据安安"坎坷的命运"，爱笑只是她生性乐观而已，与运气好坏并无实质关系。

大学毕业后，安安独自留在沈阳打拼，找的第一份工作是理财行业，做电话销售。刚毕业的安安工作认真努力，经常周末还要加班。如果不考虑客户的休息时间，她恨不能一天 24 小时都用来工作。打电话打到耳朵疼，她就拿着传单上街派发，丝毫没有怠慢。在她眼里，就连隔壁顺道路过卖菜的老大爷都有可能成为她投资理财的潜在客户。

正常来说，努力应该是有回报的，按照安安公司的工资算法，就凭她开的那几单，足以让她月薪过万。可是万万没想到，老板竟然卷着钱跑路了，好好的理财公司瞬间变成了骗子公司，这事不仅让他们当地最大的电视台连续报道了好几天，听说就连政府部门都惊动了呢。

安安的客户们一看老板跑了，自己的钱就这样被坑了，纷纷围堵安安，骂他们公司是大骗子，骗她是小骗子，一个劲儿地逼她还钱。也不怪这些客户咄咄逼人，好不容易积攒下来的血汗钱就这样没了，搁谁不闹心呢。只是可怜了安安一个初出茅庐的女孩子，被一帮人围在中间声讨，别提有多害怕、有多无助了。虽然安安并没有把自己的钱搭进去，可她也辛辛苦苦地工作了几个月啊，当初老板说奖金一季度一发，所以只发了微薄的基本工资，谁能想到还没到发奖金呢，老板就跑了呢？一想到白白辛苦了几个月，她自己还委屈得要死呢，她上哪儿找人说理去啊。可是，没有人想过她也是受害者，那些不理智的客户只管发泄自己的不满，不停地推搡着她，还揶揄她肯定和老板是一伙的，只是她还来不及跑路。所幸最后警察及时赶到，不然后果真的是无法想象。

出了这种事，我们哥几个一边为安安抱不平，一边安慰她就当吃一堑长一智，这是她初入社会交的学费，以后一定会顺风顺水，万事大吉。安安看我们一个个紧张兮兮，不知如何是好的样子，反倒笑了，说："没事，不就是找工作的时候没长眼睛，遇到了个诈骗集团吗？总比我进入传销集团好吧，是不？那地方我要是进去了，就出不来了。现在我只是损失点时间，但也积累了一定的工作经验，并不算一无所获。而且，以后再找工作，我也知道怎么看公司的资质，不会再那么容易上当受骗了。"

安安能这么想，我们也就放心了。反正她还年轻，受点小挫折未必就是坏事，以后的路还长着呢。可是，令人没想到的是，安安经历的挫折好像有点多呀。

事业上的创伤还没有完全愈合呢，爱情上的撞击又来了。

话说有一天下大雨，安安想让跟自己交往了两年之久的男朋友来接自己，可男朋友却说自己走不开，让安安自己打车回去。经常打车的都知道，平时上下班高峰打车都很难，别说赶上雨雪天气了，出租车更是难打。安安站在公司楼下的厅檐下等了好久，好不容易才打到一辆愿意拼车的。不曾想，她一上车就看到自己的男朋友也在车上，怀里还搂着一位如花似玉的妹子。

安安一看情形，既没有质问男朋友为什么劈腿，也没有甩他一耳光，而是直接下车，关门走人。男朋友没有跟着下来去追她，事后也没有发过一条解释的短信，两个人就这样散了。

我们听完安安说起他们的分手经过，八卦地开始分析：这男的也太渣了，该不会是故意的吧？不然，怎么好巧不巧地带着新欢从女朋友的公司门口路过，目的就是为了让女朋友看到，主动给他提分手，这样他就可以跟新欢双宿双飞了，肯定是这样的！

自始至终，安安不仅没有在我们这些朋友面前掉一滴眼泪，反而还和我们一起吐槽前男友是有多缺心眼。分手就分手嘛，有什么大不了的，谁也不是非你不可，干吗搞得跟演三角恋似的！

可是，她越是装得云淡风轻，我们心里越是替她难过。过去的两年里，安安对前男友付出了多少真心，我们都看在眼里。我们都知道，如果不是出现前男友劈腿这档子事，安安是有跟他结婚的打算的。可是，现在一切全白费了。

我们和安安说："你要是难受就哭出来，大家都是自家人，没事的。"

安安还是没有哭，她只是说："现在知道了，总比结婚之后连孩子都有了再知道强吧。我的确付出了很多，但都是过去式了，没有什么比及时止损更重要。"

这就是安安，她总能用乐观的态度看待身边的每一件事，总认为自己遭遇的一切都是最好的安排。因为事情并不是到无可挽回的时候才揭开谜底，在最坏的结果发生之前就被她发现了，说明命运对她还不算太坏。

俗话说："塞翁失马，焉知非福？"虽然生活总是在安安猝不及防的时候给她一击，但她总是对生活施以微笑。她坚信世间定有美好的存在，所以即使被生活狠狠地抡了一巴掌又一巴掌也不甚在意。

所谓"物极必反，否极泰来"，在安安遭遇了那么多坏运气之后，生活终于给她的人生送了一份美好的大礼——一个超级无敌，堪称偶像剧男一号的大帅哥出现在了安安的生命里！

为啥说堪称偶像剧呢？因为这个男一号不仅是本地知名企业的公子哥儿，还是留学归来有八块腹肌的高知分子，外加颜值爆表，温润有礼。

后来听安安讲，就是这么一个人生已至巅峰的人竟然有抑郁症，从小到大离家出走无数次，光自杀就搞了6次。

有钱人的思维真搞不懂，好好的日子不过，抑郁啥呢？要是这么好的条件还抑郁，那我们这些啥都没有人还活不活了？安安说，认识他之后她才知道，有钱人家的孩子并不像我们想象得那么爽。就拿这个"偶像剧男一号"来说吧，父母在他很小的时候就离婚了，他们除了按时给他钱，从来没有真正关心过他。他们一边争夺他的抚养权，一边又把他晾在那儿不管。口口声声说爱他的大人们，在他面前展现的不是勾心斗角，就是为了钱枉顾亲情，试想，在这种环境下长大的孩子，怎么可能不抑郁、不疯魔？

据说这个带有抑郁气质的男主第一次遇见安安的时候，就被她爽朗而不做作的笑容吸引了。怎么会有笑得那么灿烂的女孩子呢？等他渐渐了解到安安的性格之后，才发现自己早已对这个乐观的女孩动了真心，遂一发不可收，展开猛烈攻势。

在安安的带动下，"偶像剧男一号"对生活越来越乐观，不仅对于祖辈之间的商业争斗能试着从另一个角度去看了，也不再悲观地觉得自己什么都没有了。现在的他不仅能发现生命中存在的种种美好，而且也愿意相信家人的种种努力都是为了给他更好的生活。

男一号说，他之所以喜欢上安安，就是因为安安单纯、善良又乐观，笑起来能把他的整个人生都照亮了，和安安在一起，他觉得生命中好像突然出现了很多美好的事，就连路边一朵独自绽放的小花都能让他觉得美好。当活生生的"霸道总裁爱上我"发生在我们的真实世界中，我这才理解为什么偶像剧中的"傻白甜"女主能如此受欢迎。不是说运气好才笑得出来，而是笑出来了才能让自己的运气更加美好。

说真的，我们谁又不愿意和安安这样乐观开朗的女孩子在一起呢？跟这样的人交往，就像寒冷的冬日里被温暖的太阳投射在身上，令人暖洋洋的。既然如此，生活中你也有乐观这副铠甲吗？

如果给你半杯水，你是觉得遗憾还是觉得幸运呢？在安安这种天性乐观的人眼里，自然是觉得幸运，自己手里的水虽然不多，但毕竟还有半杯呢。而在天性悲观的人眼里，就会觉得自己只剩下半杯水了，实在是可怜。

我的表姐就是一个天性悲观的人，在众多姐妹中，我最不喜欢和她一起玩，因为和她交往，实在是太累了。

表姐高考那年，上午的语文有道古诗词默写题，或许是太紧张了，怎么着也想不出答案，急得她在考场上就哭了起来。这也就算了，等到下午考数学的时候，她满脑子都是语文没有发挥好，完全沉浸在上午的失利中无心答题，数学自然也没有考好。

就这样，明明可以凭强项拉回来自己发挥失利的科目，结果因为她总是惦记着上一科没考好，导致剩下的科目考的是一门不如一门，所以她高考落榜丝毫不让人意外。

你说，就这种无力挽回的事情，你琢磨它干啥呢？因为一道题想不起来就把整个考试搞得一团糟的人，就算高考不落榜，人生也不会有精彩的呈现。果不其然，高考落榜后表姐没有选择复读，而是找了一份工作上班了。老板给她安排的工作她还没干呢，就觉得自己不行，肯定干不好，于是一边郁闷一边干，等干完了才发现事情根本没有她想的那么复杂。

和男朋友约好了一起吃饭，男朋友晚到一会儿，她就能脑补出他出了车祸的场面；男朋友和她说话，语气稍微重了一些，她就觉得对方不爱自己了。

出去旅行，明明天气预报说是大晴天，她还是坚持要带雨伞，担心万一下雨了呢；除此之外，她还担心水土不服，明明三五天的短期旅行，硬是要带上家用医药箱。最后，担心来担心去，恨不得把整个家都带走。

有时候我实在看不过去了，也劝说她："你这样子累不累啊！"

表姐说她不累，她就是觉得世事无常，谁也不知道灾难什么时候降临，未雨绸缪虽然麻烦点儿，但总好过事到临头再着急忙慌地去准备强。

她说的也有一定道理。但我依然不愿意跟这样的人一起玩。任何事情都有正反两面，如果你总看到不好的一面，让别人跟着你一起郁闷，时间长了，谁不闹心啊？和这种悲观的人长期在一起，我怕自己喝口水都担心会呛死。

人生不可能一帆风顺，谁都有跌至谷底的时候，可如果你只拿自己的不幸做参照，那余生还活个什么劲呢？而且，就算你事事小心，时时准备，也未必能事事周全，时时安全啊。

我们说做人要乐观，不是让你没事的时候傻乐，而是希望你可以养成一种豁达的心态。面对挫折，要快速调整好自己的心情，养成良性的思考方式，而不是被负能量牵着鼻子走。

周云蓬，著名的民谣歌手和诗人。九岁的时候，因为生病，眼睛失去了光明，从那以后，他再也没看过五彩斑斓的世界。

他才华横溢，唯独看不见光明；他的眼前只剩下黑暗，却歌声嘹亮、诗句动人。

你说，这样的他是幸运还是不幸呢？

九岁之前，他是见过这个缤纷多彩的世界的。不是有句话说吗？本来我是可以忍受黑暗的，但是当我见过了太阳又该如何回到黑暗中呢？曾经拥有真的比不曾拥有更加的让人疼痛呀！

成名后的周云蓬在面对记者对自己九岁就失去光明是否对他的精神意志有影响时，坦然地说："不会，当时我年纪还小，还没有精神。"

"当时我年纪还小"，听到这句话的时候，我揪心地难过，九岁就失去光明依然能活得这么洒脱，这么云淡风轻，要是我根本无法想象。可是周云蓬却凭着自己的豁达，让时光变得柔软又平和。

他一点儿也没有把自己当盲人看，写书、发专辑、参加音乐节、全国各地到处巡演……他活得甚至比视力正常的人还要精彩。

苦难就像意外坠落的陨石，谁知道哪天会砸到我们头上，如果你一直抱怨命运，可能这一生就沉浸其中无法自拔了。可是，如果你可以选择和命运握手言和，用乐观积极的态度去面对苦难、面对挫折，说不定人生会有另外灿烂的风景。而乐观既是一种态度，也是一种能力，拥有乐观精神的人，可以用非常积极的角度去看待身边的每一件事，即使被生活的重压压迫着，也能发现里面的乐趣和希望。

试想，如果这种人生的苦难发生在我们自己身上，我们是不是就选择自暴自弃了呢？我们是不是觉得全世界自己最可怜，命运太不公平，开始哭天抢地得要死要活呢？

"你永远不知道你厌烦的今天是多少人到达不了的明天。"这是网上非常著名的一句话，换言之，你永远不知道你拥有的是多少人想拥有也拥有不到的。不要总是抱怨工作辛苦，抱怨父母唠叨，抱怨爱人不理解自己，抱怨孩子不听话。

你要乐观地去想，感谢上天让我有工作，能够自己养活自己；感谢父母还能在耳边时刻叨扰，让自己还有机会孝敬父母；感谢爱人在身边的陪伴，即使偶尔会有争吵和不理解，也比孤军奋战要强得多。

一个老太太有两个女儿都做生意，大女儿是卖扇子的，小女儿是卖雨伞的。天晴时，老太太就为小女儿担忧，担心雨伞卖不出去；雨天时，老太太又为大女儿忧虑，担心扇子卖不出去。如此一来，老太太的日子过得很忧郁。邻居问她为何总是满脸忧伤，老太太就向邻居说明情况。邻居笑着说："老太太，你真好福气呀！天晴时，你的大女儿生意很好；天阴时，你的小女儿生意兴隆。"老太太听了，登时豁然开朗，转忧为喜。

趋利避害是人的本能，我们应该选择生活中让自己感到幸福与快乐的部分，将自己的不开心通通屏蔽掉。而乐观就像是我们穿在身上的一件盔甲，用来抵御生活中遇到的种种不美好与负能量，有了它的保护，我们才能够大展拳脚，闯出自己的一片天地。

希望你能用满满的正能量，让身边的人活得积极，觉得生活如此美好。

温柔地对待喜欢自己的人

你听过爱情里的能量守恒定律吗？意思是说，在感情世界中，如果你辜负了某个人，会有另外一个人来辜负你；如果你为一个人掏心掏肺却始终求而不得，也会有另一个人对你百依百顺仍然得不到你的垂青。这个说法既没有科学性，发生的概率也很小，但不乏有人切切实实地遇见了。

很久之前，丫丫就对她的男神倾慕不已，可年长她一些的男神只把她当小妹妹看待。怎么说呢，当一个男的明知道你喜欢他，还愣是把你当成妹妹的时候，你就是妥妥的一个小备胎啊。

有一次，男神想吃火锅，就问丫丫要不要一起去。男神说自己的时间不确定，但是一定会去，地点就定在丫丫家附近，这样方便她晚上回家。

丫丫欣然应允，她想的是下班后自己可以先回家等男神，在他过来的时候自己再赶过去也不迟，这期间她还能敷个面膜，化个妆。

下班前一个小时，丫丫收到男神的消息，说他临时有工作，可能会到的比较晚，为了方便两人更快见面，他想把吃火锅的地点改到自己家附近。丫丫一听男神说自己当天比较忙，就体贴地说："如果忙的话，就改下次吧，没关系的。"可是男神却口气坚定地说："不用，你下班就过来。"丫丫想了想反正自己也没什么事，既然男神这么坚持就同意了。她让男神下班的时候告诉自己，然后自己也从单位出发，这样两个人到目的地的时间差不多，也不必让其中一个人独自等待了。

可是丫丫下班前半个小时就告诉与自己的工作有联系的同事，自己今天晚上有事要先走，能明天解决的事情尽量改到明天。然后，她风风火火地赶回家里，将自己要带给男神的东西装进包包，匆忙地补了个妆就赴约去了。

在路上，丫丫又收到男神发来的消息，对方问她饿不饿。丫丫回复说，她不饿，她也在工作，但是随时可以完事。在她到达目的地百般无聊等男神的时候和我吐槽，说自己恐怕还要再等一个小时。作为朋友，我听了丝毫不觉得奇怪，她哪次和男神在一起吃饭不是最少要等一个小时……

唉，没办法，谁让丫丫就是喜欢人家呢。

我告诉丫丫：既然你都到了，就和男神说你已经出发了吧，别一会儿你男神大发慈悲去你公司接你，这样你们走岔了就不好了。

这句话显然让她很受用，于是她就给男神发微信，说自己已经出门了，如果提前到了她就去超市买点东西。

结果你猜怎么着？

40分钟后，男神问丫丫到了吗？他工作上的事情暂时还没处理好，实在是脱不开身，可能没办法赶到吃饭地点了，今天的聚餐就算了吧。

作为一个具有职业素养的备胎，她回复道：没关系，我才刚走到公交站，既然你这么忙，那我就回家了。

然后她随即打给我，拉着我出来喝酒。她喝得吐了两回，哭得肝肠寸断。

我特别不理解，你明知道人家只是把你当妹妹，你干吗把自己搞得这么卑微？他不喜欢你，你看不到吗？如果他真的对你有心，就不会主动约你，又一而再再而三地不是改变约会地点就是随便取消约会。如果他尊重你，他一定会在约你之后，做好所有的安排。

什么身份不重要，重要的是我如何看待我们之间的关系。对我来说，你只是一个我偶尔无聊时想要消遣的人罢了。我这一刻不开心，想找人陪，所以就约了你；下一刻我有其他消遣了，你当然应该退后了。

于是乎，丫丫开始不断地怀疑自己的人生：我真的有那么差劲吗？我就真的那么让人讨厌吗？我做不了你的女朋友，做你的小妹妹就不配得到应有的尊重吗？我就那么一无是处吗？

当然不是！

他只是不喜欢你。他不喜欢你，却习惯了你的默默付出，习惯了你这种呼之即来挥之即去的顺从。反正，不管他怎样对你，你总是会原谅他。就算你一时有些生气，可只要他主动找你、主动约你，你就好了伤疤忘了疼，赶紧又乐不颠颠地跑过去了。久而久之，他自然就不在意你了。在他眼里，你是没有个人情绪的人。你的时间，你的社交关系，你的个人生活全都要围着他的人生转，因为他知道你喜欢他呀。

你不是喜欢我吗？那就为我付出啊，你不付出，怎么证明你喜欢我？可是，我不喜欢你，你是知道的。所以，别抱怨，别指责。我们只是纯洁的男女关系，别对我抱有太多不切合实际的期待，你会受伤的。

前面说过，根据非官方出品的能量守恒定律，在丫丫对男神百依百顺的时候，一定也有一个男孩为丫丫神魂颠倒。

是的，在不喜欢你的人面前，可能你做的一切都是无意义的；而在喜欢你的人面前，你是世界上独一无二的玫瑰，是最耀眼的那颗星星，是此生不换的所有美好。

丫丫身边的确有这么一个男生视她为瑰宝，恨不能将她捧在手心里。可是，在男生第一次跟丫丫表白的时候，丫丫就明确地告知他："我不喜欢你，请你不要在我的身上浪费时间了好吗？"

丫丫也真是决绝，既然她不喜欢那个男生，那就一点儿机会都没给他留。就比如说，哪怕被男神放了鸽子，被挫败了自尊心，她也坚决不找那个男生求安慰，而是拉我这个闺蜜出来喝闷酒。

己所不欲，勿施于人。在丫丫心里，她自己作为一个备胎（即使大多数情况下她都不愿意承认），受到别人的冷落、不在意已经很难过了，就不要再让另一个人也承受了。

可是，你既然知道做备胎的滋味不好受，那你为什么就是不放弃呢？想忘却忘不了？想放手却舍不得？想对得起自己的心？

别天真了。如果爱真的能做到无怨无悔，自己开心就好，就不会有那么多痴男怨女了。如果你真的只是为了成全自己，你就不会在被对方如此冷落之后，自己出来买醉了。

可能你会说，没办法，我就是非常非常喜欢他呀。看不到他，我觉得整个世界都黯淡无光。即使作为他的备胎，我也想陪在他身边。

罢了罢了。

道理你都懂，你一边心甘情愿地当着备胎，一边又暗自神伤地为他对你的不在意而落泪。即便他虐你千百遍，你依然待他如初恋。不管他有没有真正尊重过你，只要他主动约你，哪怕之前被他伤得遍体鳞伤，你依然会巴巴地上赶着去贴人家的冷屁股。

这就是备胎的宿命。明知道没有结果，却依然没办法说"不"。

没办法，谁让你喜欢人家呢。

没办法，被偏爱总是有恃无恐。

谁不希望有个人随时宠着自己、护着自己、惯着自己，自己想吃什么他赶紧去买，自己想做什么他随时陪着，生病了带你去医院，无聊了给你讲笑话？

这么一想，也就不难理解那些身边有很多备胎的男男女女了。他们不是不明是非，不知对错，他们心里太清楚了，但他们就是贪恋别人给自己的温柔，可是又不愿意负责任。

所以，当你被当作备胎的时候，不应该怀疑自己是不是不够优秀、是不是不值得人爱，而是应该想想那个仗着你爱他就有恃无恐的人的问题。

不喜欢，大可以拒绝。一边喊着不喜欢，一边又隔三差五就去招惹人家，算怎么回事呢？做朋友就是做朋友，玩什么暧昧呢？如果你仗着人家喜欢你，就对人家提一些只有男女朋友才能有资格的要求，那你不仅是没素质，还是典型的"渣男绿茶"。真正拿你当朋友处的人，不会感情受伤去找你，不会有了新欢就离开，而是用很自然的方式与你相处，不会仗着你对他的喜欢就不尊重你，或是把你当免费的佣人。

面对真心喜欢自己的人，默默为自己付出的人，为什么就不能友好地与他们相处呢？

有人说，谁会真的把备胎当朋友，根本不可能有这种事情。

备胎就是备胎，朋友就是朋友，二者不可统一而论。按照这种逻辑，《我可能不会爱你》中的李大仁就是程又青的超级大备胎。可实际上，他们彼此真心相待，却又适时保持一定的距离。在对方有恋人时，他们不会刻意隐瞒对方，对方也不会不识趣地出现在周围找存在感。还记得这部剧刚播出的时候，很多人被程又青和李大仁的感情感动得稀里哗啦，当时的 QQ 说说里经常可以看到"百年修得王小贱，千年修得李大仁"的签名。

如果李大仁是程又青的备胎的话，那某种意义上，程又青是不是李大仁的备胎？世间除了亲情以外的所有关系，做朋友也好，做合作伙伴也好，彼此之间没有一定的好感和信任是无法建立起任何关系的。

所以，可以不喜欢，但是别伤害。

有人说，三观正的人不会做别人的备胎，也不会给自己预留备胎。

说到这一点，让人不由得想起金岳霖先生。金岳霖先生一生仰慕林徽因，世人皆知。他对林徽因的爱光明磊落，坦荡无私。在他看来，恋爱只是一个过程，结不结婚并不能作为两个人感情幸福的标准。只要彼此真诚相待，一生相伴左右，成不成为恋人、走没走进婚姻又有何重要的呢？

而作为林徽因的爱人，梁思成先生也是大格局的人，有时候他和林徽因因为生活琐事吵架了，他会主动找自己的情敌——

金岳霖先生帮忙调节。在他心里，金岳霖先生虽然爱慕着他的妻子，但也是他的朋友。他信任金岳霖先生，也尊重金岳霖先生。

这段三角恋中的女主角林徽因是如何处理三个人之间的关系呢？她知道金岳霖先生爱她，也曾为他高雅的品格倾倒，但她终究只能选择一人。她已经成了梁思成的妻子，没办法再给予另外一个男人同样的爱，所以她只能选择辜负他。可是，她没有因为对方爱她就恃宠而骄，也没有因为对方爱她就对他提出一些过分的要求。金岳霖先生来家里，她热情招待；金岳霖先生要走，她也不多做挽留。在她心里，金岳霖先生不是她的备胎，更像她的蓝颜知己。

关于她和金岳霖先生之间介于"友达以上，恋人未满"的感情，林徽因从来不曾刻意隐瞒过梁思成先生。她告知过梁先生自己的苦恼，也为自己同时对两个男人动心痛苦不已，可她是坦荡的，克制的。大度的梁先生不但没有责怪妻子，也没有怒斥金岳霖先生对自己妻子的觊觎，反而是大大方方地鼓励他们做朋友，对于妻子和情敌之间的正常交往，他从来没有说过二话。因此，三人一直是好友关系。

你看，备胎做到这个境界，你还会觉得做备胎或是有备胎的人都是三观不正的人吗？

不是所有的异性朋友都是备胎，也不是所有的备胎都很卑微，都想上位，关键是你选择以什么样的方式陪伴在那个人身边，以及那个人用什么样的态度看待你们之间的关系。

接着说回丫丫。

男生对丫丫的好，我们闺蜜团都看在眼里。虽然他当时没有赢得丫丫的青睐，但是却俘获了我们闺蜜团的心。所以，在丫丫被男神忽视、被男神冷待的时候，我们纷纷鼓励丫丫给男生一个机会，就算不做恋人，做个朋友也好，毕竟人家爱你不是罪过。换位思考一下，如果你喜欢的人对你提出的任何示好行为都说"No"，你做何感想？是抓心挠肝还是早就放弃？

于是，丫丫第一次主动联系了那个男生，说能不能一起看场电影。关于这点，我要吐槽一下丫丫，你说说她，胆子小就不要看什么鬼片了，看看喜剧片不好吗，看看爱情片不好吗？人家不，非看。

丫丫电话打过去的时候，男生正在实验室做实验，可丫丫刚说完自己的意思，人家二话不说就在网上把票定好了，然后火速赶到丫丫身边。

丫丫一脸愧疚地说："你不是正在做实验吗？我从电话里都听到了。"

男生笑着说："没关系，晚点儿做也没关系。现在请同事帮忙照看着呢，回去观察结果就行。"

丫丫完全不懂实验上的事，也不知道男生的实验对他重不重要，她只是看到对方对自己提出的一个小小的要求就这么重视，心里非常感动。

没有对比就没有伤害，原来被重视的感觉这么好。丫丫想起自己在男神那里，每次她都是小心翼翼的，他说怎样她就怎样，他想约她就不管她正在做什么就都要出现在他面前，他不想见她就可以让她白白等上几个小时……如鱼饮水，冷暖自知，现在看看男生对自己的在乎，她心里百感交集。

对啊，为什么要把时间浪费在一个根本不喜欢你的人身上，却不愿意回头看看一直默默陪伴在自己身边的那个人呢？那个会为你取得的小小成就而骄傲自豪，会因为你的难过而不知所措，隔三差五就带你去吃好吃的，你占据着他心中最重要的位置，不介意你是什么样子的人，尊重你，爱护你，这才是你的良配、你的良缘。

和男生相处之后，丫丫的自信回来了，笑容也回来了。

我不喜欢"备胎转正"这个说法，相反，我觉得很多时候是兜兜转转却发现，原来对的人就在自己身边。你在别人那里是个可有可无的存在，而在另外一些人心里可能就是求之不得的宝贝。

是的，爱不是仅靠感动就行的，爱是两个人相处之后，彼此观念的深入契合，然后逐渐产生的依赖和信任。做朋友，也是如此。三观不合，别说恋人，就是普通朋友也没法做。而一个优秀的人，一个三观超正的人，他的周围绝对会围绕一些默默爱慕他的异性朋友。这种爱慕可能想得到回应，也可能只是赏识，就只是远远地看着你就好。如果把所有这种不是恋人的异性关系都当成备胎的话，那我们人人都有备胎。

感情不是自来水，可以收放自如。随着社交平台的日益更新，我们的朋友圈越来越广，可是真正的朋友越来越少，所以遇到了就不要伤害。尊重你、认可你的人，对你的小心呵护会让你更加有自信，也会让你在伤心难过的时候有个依靠。即使不能用同等的爱回报给爱我们的人，我们也可以敞开心扉，温柔地与他们相处。不把他们当成自己情绪的发泄桶，也不一味去利用、玩弄他人的真心。两个人交往，不是爱情也没关系，只要我心换你心。

最后，愿每个心甘情愿默默付出的备胎都能幡然醒悟，也愿每个人都能温柔对待喜欢自己的人。

相信自己，你比想象中的还要厉害

今年年初的时候，公司中层领导进行岗位大波动，我们部门的老大从业务型出身的领导换成了技术型出身的领导。

所谓"新官上任三把火"，没想到新来的老大第一把火就烧光了我心里的一片森林。

新老大一上任就召开部门会议，会议的主题就是请部门各岗位人员阐述自己的岗位职责以及汇报自己近期的工作进展。轮到我时，我汇报的一个工作组重点是网站基础资料的信息与维护。

听到基础资料维护，大家可能觉得这只是一个烦琐而没什么技术含量的工作，再怎么努力也很难做得出彩。说实话，我最初也是这样认为的，但是对于一家做网站的公司来说，基础资料的准确与否和客户的黏性、依赖度有非常重要的关联，可以说，网站基础资料就像我们部门工作的一个地基，如果这个工作做不好，整个工作都很难进行。举个简单的例子，当你浏览一个网站的时候，如果上面提供的信息是错误的，你还会继续往下看吗？

所以，当老大听到是我负责时，停下手中记录的笔，笑着问我："是你负责？"听到我准确无误地回答"是"之后，他接着说，"这个部分很重要，大家都知道我刚刚接手咱们部门，很多具体情况我还不了解。等我理清头绪，搞清楚其中的业务内核时，不合适的人我会换掉。希望大家在接下来的工作中继续努力，散会！"

说实话，当时会议室里一共 21 个人，老大在我汇报工作的时候说出那番话，不管是不是针对我，我心里都很不开心。

后来，领导再开会的时候，只是叫几名组长和部门主管去会议室开会，而我因为负责比较基础的部分，也不得不参与其中，但每次我去阐释工作内容时，都能听到领导说"不合适的人我会换掉"，搞得我每次都特别不爽。和我关系比较好的同事知道后开导我："你负责的部分本来就不是什么好活，大家躲都还来不及呢。如果老大真的觉得你不合适，将你调到其他岗位也未必是坏事，这样你还省心了呢。"

说是这样说，但是这个工作一直由我负责，而我也从不曾在这上面出过纰漏，老大为什么动不动就当着我的面说"不合适的人我会换掉"呢？我真的不理解他为什么还没了解清楚就认定我不行。

就比如让我参加会议，我明明坐在里面，除了让我说一些基础信息，其他的从不给我发言的机会，安排工作的时候也直接忽略我。难道您让我参加会议，就是为了告诉我，我不适合这个工作要换掉我，然后让其他人来负责吗？既然您觉得我不行，您大可以不让我参加啊！

真的，只要一想起这事来，我就很生气。可是我又是个犟脾气，你越是觉得我不行，我越要证明给你看。所以，即便是老大让主管全权负责，我也全力以赴地做好自己的工作，协调好各个部门之间的信息互通，及时将基础信息更新，其他部门需要查找的资料第一时间提供，从不拖沓。

后来，公司给我们部门安排了一个很重要的工作，需要在一周之内完善好 27 个项目的资料。这项工作需要和项目的对接人索要基础信息，和技术部沟通协助录入，和设计部进行沟通将项目部分图片进行处理……而我们部门只有五个人去做这项工作，又恰逢即将放端午节假，很多人可能早就计划外出旅行，根本不可能来公司加班，所以实际有效的工作时间只有四天。

我想，这也许是老大顺理成章换掉我的一个时机。请原谅我内心阴暗的想法，因为当他宣布将这件事交给我全权负责的时候，这是我脑海中闪现过的第一个想法。

没关系，要是我没把这件事做好，换掉我无话可说。要是我做好了，那就是证明我自己能胜任这个职位的最佳机会。

所以，老大的任务一下达，我就先开了一个部门内部会议，让参与这个项目的五个人该和项目部的人索要资料的赶紧去索要，该去网站收集信息的赶紧去收集，该将设计的图片尽快请设计部设计，最后我负责和技术部的人协商开发程序录入，争取假期前全部完成！

在沟通、协调的过程中，我真是什么招都用上了，撒娇、鼓励、严厉、吵架等各种各样的方法简直不忍回首。

好在功夫不负有心人，任务下达三天后，也就是在端午假期的前一天，当我将这项任务完美地交给老大时，我从他脸上看到了惊讶和肯定。

比起事后他对我的表扬，更让我欣慰的是我再也没有从他的嘴里听到"不合适的人我会换掉"这种话，在那些只有小领导层参与的会议中，我再也不觉得自己是个突兀的存在。

同事说我傻，这么个费力不讨好的活，好不容易有机会摆脱掉，我干吗还费力地证明给他看。傻吗？我不这样认为，我只是想证明自己绝对有能力胜任这份工作。

来说说这项工作完美完成后给我带来的好处吧。技术出身的老大显然比之前业务出身的老大更看重这部分，鉴于我那次的良好表现，他开始愿意将一些重要的部门工作交给我做了，因此我在工作中得到了很多锻炼机会。一些我不明白或是理解得不到位的地方，他会耐心地指导我，而我也没有辜负他的信任，对他交给我的工作全都尽心尽力去完成。

后来，我进入会议室的身份是一名小组长，年底的时候我成了公司的优秀员工，薪资翻倍。

如果当初我在老大的一次次打击下就那么轻易放弃了，我还能有现在的发展吗？不是说这个工作能让自己出彩就值得自己多付出精力，这个工作没什么前途就随便应付，而是任何工作再简单、再无趣，在你就任的时候，都应该认真完成，千万不要还没努力就先缴枪投降了。

说放弃很容易，难得的是证明自己可以胜任。是呀，做得再好又如何呢，又不多发工资。可是如果你连尝试都不肯，连证明自己都不愿意，怎么样让别人信任你，愿意把重要的工作交给你呢？

我们努力工作，说到底是为自己。你只有证明自己有足够的能力，才能得到更多的机会，你也才能获得进步与成功。

萌萌自从换了新工作之后，嘴角起的泡就没下去过。她是一家公司的客户主管，主要负责将客户的需求准确无误地转达给部门同事，负责整个项目的流程。因此，在很多人眼里，客户主管只是一个负责对接的岗位。但如果仅仅是传话这么简单，应该不会有任何一家公司愿意花钱专门设置这个岗位。

萌萌的新公司是一家刚成立不久的广告公司，公司的大部分业务都是关系户。她之所以选择这家公司，是觉得既然公司刚成立，也就是很多事都还没有成熟的管理措施和解决办法，势必要一人身兼多职，或是多番轮岗，这样自己就能学到很多东西。所以，虽然公司接来的单子业务标准要求都很低，但好在低有低的好处，客户要求标准低能给你带来自信呀，就像萌萌觉得自己可优秀了。

萌萌在之前公司的时候，因为公司接待的客户比较高端，对业务能力的要求标准也比较高，而她的业务综合分值一直处于刚过及格线的水平，当时她常常有种被淘汰的危机感。没想到来到新公司以后，她竟然被划为优秀行列，这感觉就像一个成绩在重点班只能排到后面的同学到了普通班轻轻松松就考进了前三名，别提有多爽了。所以一开始，萌萌干得风生水起，志得意满。

对接这项工作虽然难度系数不高，但是非常需要一颗强大的内心。如果设计的东西不符合项目的要求很容易被客户骂，而总是让设计师修改自己的设计，设计师也不愿意。因此，客户主管常常像风箱里的老鼠，两头受气。

客户说："广告主要是为了吸引住客户的目光，可你们提交上来的设计完全没有魅力可言，简直就是垃圾！"

萌萌虽然觉得客户的回复有些过分，但谁让人家是甲方呢，客户就是上帝呀。于是她就去找设计师商量，看看能不能把设计方案再做一些改动。没想到，她话还没说完呢，设计师先不干了，设计师说："客户都是狼，永远喂不饱，就是给他做得再好，他也能给你挑出一堆错来。要是每个人都追求完美，那工作还怎么干？你要做的，不是来找我修改方案，而是告诉甲方，现在的方案是专门为他们公司量身定做的，再合适不过了。"

什么？让你改个方案，你还指导起我的工作来了，能耐不小啊！你要是有本事，甲方能说你的东西是垃圾吗？你要是有本事，就让甲方对你的方案说"Yes"啊！

于是，萌萌和设计师两个人当场在办公室里吵起来了。两个人吵得那叫一个轰轰烈烈，从业务能力到家世背景，恨不得把对方的祖宗十八代都拿出来溜一遍。最后，设计师实在吵不动了，就扔给萌萌一句："你去找领导吧。"

找领导就找领导，拿领导吓唬人呢。

其实萌萌和设计师吵架的时候，领导在自己办公室对事情的来龙去脉已经听得差不多了，所以当萌萌来找自己的时候，领导就说："对我们来说，满足客户的需求很重要，但是说服客户接受我们的方案也很重要。"

萌萌一听领导这么说，很无奈地说："问题的关键是客户根本不满意，这不是精细不精细的问题，而是契合不契合客户要求的问题。东西做好了，客户自然认可。"

领导还想劝萌萌别太较真，萌萌愣是没认输，她从公司刚刚成立的发展史一口气说到未来的美好蓝图，又从专业技能说到了高标准要求员工，再从公司的主要经营业务说到了甲方需要的东西……萌萌觉得自己简直比老板还操心公司的发展大业。

最终，领导被萌萌说服，说他会亲自跟设计师沟通这个项目的设计方案。可是，就算服务态度有所提升，专业能力也没法一下子提升那么高。慢慢地，萌萌发现这个公司确实不行。经理让她做一个案例分析，她按照模板做完后总觉得哪里不对劲，可是发给经理后，经理看完却觉得很满意。

可是萌萌不死心，她认认真真做的东西发给领导，是希望领导能给自己提出改进意见，让自己进步，而不是随便一糊弄完事。于是，她就向领导提出自己的问题，然后请求领导给出下一步的解决方案，领导却完全不当一回事，只说够用了，不用改了。

什么叫"够用了"？萌萌真的要被领导的这句话给气死了。正常来说，难道公司不希望员工积累更高的技能以创造更大的价值吗？

当天晚上，萌萌将自己做的设计方案发给一位做经理的前辈，没想到那位前辈一看完就打电话过来冲萌萌一顿骂，说她这是做的什么玩意，简直就是丢人现眼！然后前辈让她打开微信，两个人视频了将近两个小时，才把这个只有25张的PPT方案问题全部梳理了一遍。

前辈批判萌萌做得这么差觉不觉得丢人时，萌萌一脸委屈地说："我们经理说这个样子就可以，但是我觉得不行才问你的。"

前辈听完，叹了一口气，对萌萌说："你按照刚才我们商定好的改吧，改完以后发给我看看。你家领导可能认为就你目前的职位来说，能做成这样已经很不错了，但我和你家领导对你的要求不一样，我希望你能够做得更好。"

第二天，当萌萌说要加班修改方案的时候，同事不理解地问她："不是说方案已经改好，可以通过了吗？你还改它干吗？"

萌萌说："我觉得还不够完善，想再修改看看。"然后，她不再理会同事觉得自己有病的表情，继续修改自己的PPT。在工作中，千万不要有随意应付的心态，而是要想尽办法去提高自己的专业能力。只有对自己有高标准、高要求，才能进步得更快、发展得更好。

萌萌的努力为她赢得了甲方的青睐。当她把自己亲自做好的方案交给甲方时，甲方问她："有没有兴趣换份新工作？"

萌萌打趣道："您不是不希望我们再换客户主管了吗？怎么现在劝我换工作呢？"

甲方说："我们的确不希望你们公司总是换项目负责人，因为每换一次就会给双方的工作带来不必要的麻烦。但我希望你可以成为我们的同事，这样就什么问题也没了，来我们公司吧！"

没错，萌萌连续三个月的项目都被评价95分以上，而且她工作认真负责，专业能力又高（后来她又多次请教那位能力很强的前辈），自然让甲方想来挖墙脚了。

你说，换成是你，世界500强企业和一个一直被自己吐槽专业标准低的公司，你选择哪个？

毫无疑问，肯定是前者啊。

虽然专业要求标准低能降低员工的心理压力，但如果公司的业务水平一直这么低的话，不管对公司发展还是员工成长都不是什么好事。所以，虽然一开始萌萌有种难以名状的优越感，但久而久之，她觉得再这样下去，她自己原有的业务能力也会逐步下降。这是她绝对不能接受的。幸好她没有随波逐流，没有沉浸在简单、轻松的工作氛围中沾沾自喜，而是严格要求自己，从不松懈，这才有了后面世界 500 强企业的邀约。

职场是一门大学问，不管是萌萌还是其他初入职场的人，面对工作，我们都不会轻易认输。在没有被社会磨平棱角之前，我们都希望通过自己的努力来完成自己的目标。

你说不行，我偏要证明给你看。

你说我做的是无用功，做得再好也没用。什么时候世道都变了，做得优秀还有错？

你说客户要求没有那么高，随便做做得了。可是因为对方要求低，你就随意降低自己的业务标准，那以后遇到业务要求标准高的客户你怎么办？

你说一个工作而已，认输也没什么丢人的，那么较真，把自己搞得那么累，干吗呢？

你说给你安排的工作你之前没干过，恐难胜任。喂喂喂，你还没干呢，怎么能认输呢？

在职场中遇到问题，别害怕也别轻易认输，能解决掉自然皆大欢喜，不能解决对自己也是一次锻炼。否则，职场的业务能力也如逆水行舟，不进则退，你不让自己变得越来越强，那就只能在社会的大浪潮中逐渐被淘汰。

当然，并不是说任何时候、任何事情都不能认输，因为有些工作根本不在你能力范围之内，你就是再用功、再努力也无济于事，只不过是浪费时间和精力罢了。可是，如果事情只是因为你没接触过或是稍微对你的业务能力要求高一点，你还没尝试就说不行，那就不应该了。就算要认输，也要等自己拼尽全力不留遗憾后再说不行。

相信自己，你比想象中的还要厉害。

最幸福的事是我爱你，你也在我身边

你相信命中注定的爱情吗？

兜兜转转，物是人非，经年累月，最后陪在你身边的，还是当初那个你最爱的人，不曾怀疑，不可变更。

如果是，那你好幸运。

北北和东坡相识于大学时期的一次兼职。当时的很多房地产公司都喜欢招聘大学生出去发传单，在大妈当道的传单市场，聘用大学生的费用虽然贵点儿，可是他们只要摆出勤工俭学的样子，还是挺受客户认可的。所以，北北和东坡也成了其中的一员。

有一年暑假，北北和舍友在同学的介绍下一起去一家房地产公司做发传单的工作。每天去报道的大学生人数是不等的，多的时候七八十个，少的时候也有三四十个。每天早上开完早会，公司负责这方面工作的人会把组员分配给各个组长。组长也是大学生，只是干的时间比较长，业务拓展能力比较强。不幸的是，每次北北和她舍友都会被分到一个特别令人讨厌的组长那里。

那个组长到底有多讨厌呢？概括起来就是一句话：抠门又无能。自己没什么本事，还总想有好业绩。以为自己当个组长就很了不起，天天摆架子。

之所以将北北她们分配给他，是因为她们刚来，不了解情况，别人都和他吵过架，不愿意跟他。可是后来，北北她们也受不了他了，就惊天动地地和他大吵了一架，然后就和这位组长分组了。

北北她们新换的组长就是东坡。女孩子都爱八卦，在没和东坡真正接触之前，大家都讨论过东坡，其中说的最多的就是东坡的颜值——丑。

东坡虽然长得不帅，但是人却非常好。

一起工作的时候，东坡说北北她们是女孩子，容易晒伤，总是给她们分配阴凉的地方。如果天气太热，他还会主动请她们吃冰激凌。她们拉不到客户，他就把自己的业绩分给她们一部分。领导训斥北北她们工作不用心，东坡就说是自己没分配好，怨不得她们。

看看，同样是组长，一个天上，一个地下。东坡怎么可能不招人喜欢呢？

从东坡学校打车到北北她们学校，只要起步价就行了，因为中间只隔了四条街，直线距离只有2.9公里。所以回学校的时候，他们经常一起乘坐公交车。大家都是朝气蓬勃的年轻人，很容易混熟，于是东坡的同学就拿他和北北开玩笑，说他俩看起来很般配，不如在一起算了。北北本来就是大大咧咧的女孩子，并不把这些玩笑放在心上，可是北北的舍友仔细一琢磨，觉得东坡好像对北北确实有那么一点儿不同寻常的情意。

有一次，北北突然生病就请假没去，东坡知道后当天晚上回去就买了药托北北的舍友带给北北；北北偶尔被分到距离东坡远一点的地方，东坡愣是大中午也要跑过去找北北一起吃午饭……

舍友试探性地问北北："你是不是对东坡有意思？"

北北说："大家都是朋友，你想哪里去了。"

舍友接着问："朋友归朋友，怎么不见你跟其他男同学一起玩呢？"

北北脸红了，不好意思地说："反正东坡也没说过喜欢我。"

舍友一看，两人有戏啊。于是北北的舍友就联合东坡的舍友，四个人搞了联谊，然后让东坡正式向北北告白，两个人就这样在一起了。

都说大学时代的爱情纯真而又美好，北北和东坡也不例外。自从跟北北正式交往后，东坡要么在上课，要么在勤工俭学的上班地点，要么陪在北北身边。有时候舍友们也开东坡的玩笑，说东坡重色轻友，有了女朋友就不跟哥几个一起出去玩了，实在太不像话了。

东坡只是呲着牙笑笑，依然一有空就往北北那里跑。

北北学习成绩好，想考研，最爱泡的地方就是图书馆。为了能跟东坡多见面，她经常会坐公交车去东坡的学校图书馆等他，等东坡勤工俭学回来，两个人一起吃饭或是一起发发呆，然后东坡再送北北回学校。

东坡担心北北每次来自己学校看书等他太辛苦，就让她下次在自己学校图书馆看书就好，他可以下班后直接去她那里。可北北不干了，小嘴一噘，头一仰，哼着说："不，你们学校的食堂阿姨喜欢我，每次都给我多盛饭，而且凉皮和芒果奶昔比我学校的好吃。"

有次，北北的舍友纳闷地问北北："东坡他们学校的饭真有那么好吃吗？让你这么乐不思蜀？"北北说："当然不是啊！我只不过是想找个借口离他近一点，想让他一回来就能看到我。"

啧啧，恋爱中的女人撒起狗粮一套一套的。

对于没什么钱的校园情侣来说，北北和东坡他们最常见的约会方式就是一起压马路。每次东坡送北北回学校，两个人都手牵手一起走回去。在途经两所学校的林荫小道上，北北跟东坡说起过无数次两个人的未来，要买什么样的房子，要开什么样的车，要什么样的婚礼仪式，甚至要生几个孩子……

有时候东坡会打趣北北："你想要的未来，要是我以后给不了你，你还嫁不嫁？"

北北吵吵着："不嫁！不嫁！"可是话音还没落呢，又赶紧抱紧东坡，撒娇地说："你给我的就是我想要的。"

东坡做兼职很辛苦，所以北北从来不让东坡乱花钱。有次两个人看完电影一起回学校，路边遇到卖芒果的，东坡知道那是北北的最爱，就要买给她让她带回学校吃，可那个季节的芒果要20多元一斤，北北死活不让东坡买，硬拉着他往前走。

到了校门口，东坡让北北赶快回宿舍。北北说："今天你不送我到楼下吗？"东坡并不答话，只是一味地催促着北北快进去。就在北北慢悠悠地快走到宿舍的时候，突然被人从后面勒住脖子，刚要喊"救命"，回头一看是东坡，就皱着眉头问他搞什么。结果，东坡像变戏法一样，从背后拿出一袋芒果递给北北，说："我知道你爱吃，所以很想买给你。可我又怕你继续拦着我，只好让你先走了。"北北当场感动得热泪盈眶。

北北和东坡的日子过得就这样简单而美好，偶尔夹杂一点小浪漫。两个人很少争执，大部分时间都过得很温馨。

北北从来没想过"毕业就分手"的魔咒会发生在她和东坡

身上。

　　所以，当北北收到东坡所在学校的研究生通知书后，第一时间就是跑到东坡学校告诉他这个好消息。她要告诉东坡，她考进他们学校了，以后他们再也不用跑来跑去的迎来送往了，他们可以天天在一起。可是面对北北一脸的兴奋，东坡只是沉默不语，脸上看不出丝毫的开心。

　　纳闷不已的北北问东坡到底发生了什么事。

　　过了好久，东波才缓缓开口，他说："北北，我找到正式工作了，在上海。"

　　"什么？你怎么都没有和我商量过？我们不是说好一起留在沈阳的吗？如果你想去上海，你可以提前告诉我，我可以报考上海的研究生啊！你这样突然走掉算什么？是想分手吗？想分手可以早点说啊，为什么要这样？你为什么要这样……"北北越说越激动，越说越生气，直到最后眼泪止不住地流下来。

　　东坡一把将北北抱在怀里，北北想要挣脱，他坚决不放。他笨拙地一边帮北北擦着眼泪，一边安慰她说："北北，你听我说，去上海是临时决定。你也知道，上海是国际大城市，不仅机遇多，工资也高。我先去上海打拼两年，等我攒够了钱就回来，到时候我就可以给你想要的未来了，房子，豪车，浪漫的婚礼……如果我留在沈阳，真不知道什么时候才能娶到你。你就等我两年好不好，两年时间很快的，到时候你研究生一毕业，我们就风风光光地结婚……"

"等你？你凭什么让我等你？如果你尊重我，心里有我，你在决定之前就会和我商量。什么叫为了给我想要的未来，我想要的未来只有你呀！你连问都不问我一声，就这么武断地决定了我们的未来，你做这么自私的决定，有想过我的感受吗？这就是你所谓的爱我吗？"

"北北，你不能不讲道理……"

"我不讲理？作为恋人，你连起码的尊重都没有给我，这就是你的道理吗？"

……

不知道哪句话触发了真正的爆炸点，两个人进行了交往以来最激烈的争吵。

在北北心里，东坡签好合同才告诉自己就是自私，就是不尊重自己。可是他不但不承认自己的过错，反而还自私地解释成他之所以这么做，完全是为了两个人的未来。如果他真是为了她，怎么会这么武断，在沈阳就没有出头之日了吗？去上海就一定能挣一个美好的未来吗？她要的并不多，他怎么就不懂呢。

东坡却觉得，爱一个人就是给她想要的未来。如果他让自己心爱的女孩跟自己受苦受累受穷，那他算什么男子汉？之所以没有和北北商量就做出去上海的决定，只是因为他觉得那的确是个好机会，他还年轻，理当去外面闯一闯。如果北北真的喜欢自己，她会尊重他的想法，会愿意等他，会让他去的。

最后，两个人都提到了"安全感"。

两年时间说长不长，说短也不短。北北没有信心东坡一定会回来，东坡担心自己始终给不了北北想要的。他知道，北北一直很优秀，北北既漂亮又上进，懂事又体贴，即使北北已经有了他这个男朋友，喜欢她的男生还是有很多。而他，除了一颗爱她的心，其他什么都没有，他长得不好看，家境也不富裕，北北想要的并不多，不过是一个平常女孩子对未来生活的小小期许罢了，可即便是那样，对他来说也足够沉重……他特别害怕有一天北北会放弃他。

所以，临分别的时候，东坡说："如果不愿意等我，可以不等。"

北北只是笑了笑，什么也没有说。

那天是北北自己一个人走的，也是东坡第一次没有送北北回学校。

毕业聚会那天，北北喝了好多酒，在同学们彼此哭诉和祝福中，喝多了的北北特别想见东坡，特别想。

然后，北北就像疯了一样往东坡的学校跑，她跑呀跑呀，跑得上气不接下气，跑得泪眼模糊。她想好了，她要给东坡两个选择，要么他留下来，要么他带她走。只要他点头，研究生她可以不读，房子、车子、婚礼……她统统可以不要。她只想和东坡在一起。

可是，北北终究没有找到东坡。他在和北北道别的第二天就走了，临行前连个电话都没打给北北。

真是物是人非。北北在东坡的学校读着研究生，图书馆的门外再也没有一个人等着接他，他们经常一起吃的那家凉皮店也关门了，再也没有人给她买她爱吃的芒果了。

不是说，忘记旧爱的最好办法就是时间和新欢吗？北北选择了新欢，可是新欢和东坡完全不一样。

新欢不会哄着北北的小任性，不懂北北的小乐趣，不知道北北爱看的电影、喜欢读的书……一切都和过往不一样，可一切又总是让北北想起过往。

以前她就知道东坡待她好，现在更加知道了。原来不知不觉中，自己已经被他惯得任性霸道、不讲道理，被他宠得无法无天，其他人再难爱了。

就这样，北北和新欢很快不欢而散。

夜深人静的时候，北北经常会想，自己和东坡怎么说散就散了呢？在一起的时候那么好，分开的时候却如此决绝。

北北和东坡就好像从彼此的生命中彻底消失了一样，自此杳无音信。

四年后，当北北在大连见到东坡的时候，她以为自己看花了眼，认错了人。她曾以为，这一辈子他们再不会相见。

或许是缘分使然，或许是情缘未尽，没想到他们没有在上海见面，没有在沈阳见面，竟然在大连遇见了。

如果生活可以像演电影一样多好，虽然男女主人公一时分开了，但只要加上那么一行"××年后"，故事就跳转到很久以后。可是生活就是生活，没有快进键，也不能预知未来。

北北没想到自己再见到东坡竟然是想逃走的感觉。她怨恨过东坡，无数个思念东坡的夜晚，她怨恨东坡竟可以如此狠心舍她而去。可有时候，她又觉得自己好像已经忘了东坡，就连东坡的模样她都快要想不起来了。她有设想过自己再见到东坡的情景，她以为自己会装得云淡风轻，或是根本假装完全不记得他好了。可是没想到，自己还是放不下。

东坡走后，北北也交往过几任男朋友，快乐过，也幸福过，可总觉得少点什么。她知道自己还没放下东坡，因为还在乎，所以才想逃。

东坡看着北北，笑着说："好久不见，北北。"

北北强装镇定，让自己看起来波澜不惊，假装大方地回道："好久不见，东坡。"

"我是特意来找你的。大连这么大，找你可真是不容易。"

找我？你没搞错吧？我们已经分手了，你找我干什么。

虽然北北心里一百个疑问，但她什么都没有说，因为她看得出来，真正很多话想说的是东坡。于是，东坡就开始说这些年他经历的种种。

东坡说四年前他之所以不告而别，是因为当时他家里突遭变故，他妈妈突然发生车祸，车祸受的伤不算太严重，可怕的是在进行全身检查的时候，发现他妈妈患有子宫癌。医生说治疗费大概需要30多万，可即便有这30多万，他妈妈也最多只能再活两年，医生让他们好好考虑。

他能怎么办呢？那是他的妈妈呀。就算再苦再难，就算最终还是要送走妈妈，但只要能让妈妈多活一天也是好的。所以他们全家想尽一切办法筹集医疗费救妈妈，当时正好有一家上海的公司开的工资很高，对他也很满意，所以他就签了。

他知道，只要他提出来，北北一定会跟他走。可是他不能自私地拉着一个爱他的人承受那些原本她不该承受的，他知道北北不是爱慕虚荣的女孩，但他真的不愿意北北陪他一起吃苦。

东坡说，他妈妈是两年前去世的。当时他就想回来找北北，可他凭什么找北北呢？就像当初北北说的那样："你凭什么让我等你？"他还有满身的债务要还，他不能一无所有还连累北北，而且后来他还听说北北交了男朋友，过得非常好，他就更不敢来找她了。

他说自己当初让北北等他的确很自私，但心里总有一丝期待。后来当他听说北北很快交了新的男朋友，根本没有等自己的时候，他怨恨过北北，可更怨恨自己。他既怨恨自己的无能，又希望北北能幸福，就这样，他在矛盾中拼命工作，拼命挣钱，别人不愿意干的脏活、累活，他抢着干。别人不愿意去的偏远地带，他抢着去。可是，他始终记得北北说过的那句话："你给我的未来就是我想要的。"

所以，他来了。

东坡说："为了打听你的行踪，我把你的同学都找遍了，这才知道你研究生一毕业就来了大连。好在我终找到你了。北北，我知道自己没有资格求得你的原谅，但能看看你也好。我只想知道你过得好不好，我只想看看你……"

原来，当年发生了那么多的事。

"你当时为什么不解释？为什么什么都没说就走掉了？我就那么不值得你信任吗？在你心里，我连一丁点儿陪你共渡难关的勇气都没有吗？东坡，你太小看我了，你太小看我了！"北北听完东坡的诉说早就泪流满面，四年的隔阂就像被揭开的轻纱，回忆瞬间涌上心头。

原来，当年的东坡像自己一样没有安全感。在他遭遇人生的打击时，她不但没有陪在他身边，还怨恨他这么轻易就放弃了自己，还很快就交了男朋友报复他。

可是这么多年过去了，身边的男朋友换来换去，从最开始的和东坡完全不一样到后来的和东坡很相像，终是没有一个能走到最后。

他回来了。

就像他当初说的那样，他会回来的。虽然比他说的晚了两年，但他终究是回来了。可是这一次，他还会走吗？他还会像上次那样，什么都不说就离开吗？

"北北，你能重新回到我身边吗？如果你愿意，让我余生用加倍的爱来补偿你。如果你不愿意，我保证再也不打扰你。"东坡局促不安又满怀期待地看着北北。

北北擦了擦眼泪，大大方方地说："我不知道，我不能保证我们还能像从前一样那么开心地在一起。不如，我们重新认识吧！你好，我叫北北。"

北北，我的大学舍友。收到她和东坡的结婚喜帖的时候，我们都由衷地为他俩高兴。

如果漫长的岁月中，你一时丢失了你爱的人，记得要找回他。有些人说不清哪里好，可就是无法替代。走遍千山万水之后，我最爱的还是你，而你也还在我身边。

以自己喜欢的方式过一生

从小到大，你的身边一定有这样一个隐形的敌人，那就是"别人家的孩子"。这个"别人家的孩子"，不仅学习好、体育好、绘画好，而且德智体美劳全面发展，几乎什么事都力争上游，他们在同学中常常是班干部，能起到领袖作用，而在老师眼里，他们是优质生，要重点培养。

在这样赤裸裸的对比下，你好像什么也做不好，学习不好，不会唱歌，不会画画，就连体育课你也没"别人家的孩子"跑得快。于是，你耳边经常充斥着妈妈的唠叨声："你要是有 × × 的一半，我就知足了。"然后，再送你一个"不争气"的目光。你委屈得要死，却又没地方诉苦。

其实，这也不能怪家长，现在的孩子从出生就被给予各种厚望，除了希望自己的孩子平安健康，哪家的父母不希望自己的孩子能出人头地，光宗耀祖？如果孩子争气，能成为人中龙凤，那是再好不过了。

然而，这个世界就是这样，不是所有的人都能够站在聚光灯下面，接收大家的赞美和欢呼。有人会成为主角，自然会有人成为配角。每个人的选择不一样，得到的结果也不一样。你追求名利，就要付出劳心劳力苦心经营的代价；你淡泊名利，也可以在平凡中将生活调剂得有滋有味。

我有个高中同学，叫晨光，从小出生在呼伦贝尔的他，有着和草原一样广阔的心，他想去外面的世界看一看。

23 岁毕业那年，他对自己的父母说："你们的儿子打算花光实习期挣来的一万元再去找工作。"父母听完当场就愣住了，但好在还算开明，不仅没说儿子糊涂度日，还觉得儿子长大了，有自己的主见了。于是，老两口完全支持儿子的决定："去吧，去外面看看吧。能走多远，走多远。"

晨光在家收拾好行囊就出发了。他本来想坐火车，可身上就这么一万元，还不知道后面会发生什么事呢，还是先省着点花吧。所以，他决定试试搭顺风车。刚开始的时候，他心里惶恐不安，总不好意思张口，可是他又想：这还没出发呢？要是干什么都这么缩手缩脚，我还怎么看世界啊！最后，他鼓起勇气，硬是朝那些过往的车辆招手。就这样，过去了快三个小时，他才拦到一辆农用拖拉机。虽然车厢里还有一些残留的稻草，但他真的坐在上面的时候，心里别提多激动了。

万事开头难，只要能克服心理障碍，接下来的事就好办多了。

可是，路费倒好解决，实在遇不见顺风车，偶尔买张车票的钱还是有的，就是这住宿似乎是个难题。晨光以前听人说过有种"沙发客"，就是两个人协商好，如果一个人去到另一个人的城市，就帮忙解决这个人的住宿问题，只要能给个住的地方，沙发、地板都可以；等到对方来自己城市的时候，自己也能帮对方解决住宿问题。于是，每到一个城市之前，他先在网上发帖，说自己要做"沙发客"，有没有愿意收留的。如果有人愿意跟他达成"沙发客"协议，那自然是再好不过，实在不行，他就找个 24 小时营业的便利店、公园长廊或是任何能遮风避雨的地方，再不行他就搭个帐篷凑合一夜。

晨光说，在背包客的世界里，没有陌生人。

就这样，他一路走走停停，不仅开阔了视野，而且还感受到生活的美好，领悟到属于自己人生的真谛。

在旅行的过程中，他偶尔也会倒卖些东西，比如去西双版纳的时候，他觉得那里的首饰很漂亮，就批发了一些拿到另外一个城市买。也不做太多的准备工作，就铺块布，把东西往上面一放，他往地上一蹲，就是一摊生意。有兴致的时候，他会在首饰旁边再放一块牌子，上面写着：你买的不仅仅是手链，还有故事——我旅途中的故事。

当然不是每个买手链的人都会听他讲旅途趣闻，但只要有人愿意听，他就会讲。他最爱说的故事发生在云南，叫什么村我记不住了。只记得他说第一次到那个村子里，就被当地美丽的自然风光和淳朴的风土人情给吸引住了。他特别想留在那里，认认真真地感受那个地方的美。

功夫不负有心人，几天后，他幸运地在一家青年旅馆找到了做义工的机会。他在店里工作，对方解决食宿。他说那是截止到目前为止，他生命中最惬意的一段时光，每天就是聊聊天，晒晒太阳，种种花，发发呆。晚上的时候，大家搭伙做饭，他去买菜，会做饭的驴友们掌勺，短短几个月，他们仿佛吃遍了全国各地的菜系。吃过晚饭，大家一起坐在马路牙子上，有人弹吉他，有人唱歌，昏黄的街灯映射在每个人的脸上，一片祥和。

可是再美的日子也有说再见的时候，结束云南的流浪是因为他收到广州一家书店的邀请，对方想请他去他们那里做一场小小的读书分享会。对方说也不一定非得说自己读过的书，给大家讲讲他旅途的奇闻异事也行。

想多点人生体验的晨光，就这样应邀前往广州。

在广州，除了那家书店的分享会，他也有尝试过摆地摊，可是当地的城管管理得太严格了，总是不让他摆，搞得他心情很沮丧。有一次，他刚把东西摆好，城管就来了，让他赶紧把东西收起来。他就跟城管打哈哈，说他不是卖东西，他是想分享自己的所见所闻，城管就让他说来听听，这一听不要紧，还真是挺有趣。最后，城管不仅不阻止他摆地摊了，还帮着他一起卖，边卖边听故事。还有一次，有个美术系的女孩子经过他的摊位前，看他的牌子丑，就给他重新画了一个颇有艺术气息的版本……

世界那么大，我想去看看。

但不是随便去看看。

晨光毕业后没有直接找工作，而是想暂时成为一名背包客并非一时兴起，而是为此准备了两年。在学校的时候，他积极参加学校组织的演讲比赛，争取让自己变得胆大、不怯场；利用课余时间坚持运动，锻炼体能；到各大论坛查看别人的旅行经历，总结各种经验与攻略。直到准备工作做得差不多了，他才勇敢地迈出第一步。

搭车途中，有人听说他的故事，也曾对他的做法有所质疑，认为他年纪轻轻的不好好工作，满脑子胡思乱想，很不靠谱。然后以过来人的口吻劝他赶紧回家找工作，安安稳稳地过日子要紧。

晨光说，他知道那些人是出于善意，但是每个人的选择不同。当下的他就是想多看看世界，挣钱的事，还是以后再说吧。

不得不说，晨光能有如此丰富的一段经历，父母的理解占了很大一部分。在人人都恨不得削尖脑袋去追求名利的现代社会，他的父母始终没有用"别人家的孩子"的标准来要求晨光也赶紧找一份体面的工作，赶紧结婚生子。作为儿女，能有这样尊重你的意志的父母，晨光该有多幸运。

中国有句俗话："上善若水，水善万物而不争。"对老子而言，水有"七善"："居善地，心善渊，与善仁，言善信，正善治，事善能，动善时。" 水滋润万物，却从来不与万物争高下。如果做人能像水一样，自然也会有自己的境界。

我有一个朋友菲菲，就是这么一个不争不抢，甘愿为他人的精彩鼓掌欢呼的人。

如果你去大学食堂的就餐时间看过就知道，那场面说是犹如春运现场也不为过。大家都巴不得削尖了脑袋往里冲。菲菲不喜欢往里挤，也不喜欢排队，所以每次就餐时间她都不急着去，而是先在教室里看会儿书，等打饭的浪潮差不多快过了她再去。虽然那时候只剩下一些残羹剩菜，但也好过为了一口饭就生挤硬闯啊。

谈恋爱的时候，尽管有时候她和男朋友的观点不一致，也不急着辩解，而是认认真真地听男朋友说完，然后再发表自己的看法。

我们都以为菲菲这种不争不抢的态度只是在生活中，没想到毕了业进入职场，她还是老样子。

有段时间，菲菲公司赶上改革，导致大批员工离职，她一下子成了老员工。当时他们部门正好有个主管的空缺，同事们都如狼似虎地盯着想要爬上去，工作别提有多积极、有多卖力了。可菲菲就像没事人似的，该怎么样还怎么样，一切照旧。

领导私下找过菲菲，暗示有可能会选择她。菲菲倒好，不但不积极争取，还说："我觉得自己目前的能力还不足以胜任主管的职位。"

领导被她气得差点吐血。

哪个人不想在职场上升职加薪，有所作为？领导有心提拔你，你不赶紧接着，还扭扭捏捏地不愿意，这是干嘛呢？

后来，领导果然提拔了别人，眼看到手的"鸭子"就这样被菲菲弄飞了。事后，我们问她："你真的不想当主管？"

她说："不是不想，而是以我目前的能力确实有些吃力。而且，我们公司考核员工和主管的标准也不一样，我现在如果硬着头皮上去了，要是日后能力不足再被撸下来，那可就难看了。还不如先老老实实地打好基础，等日后有机会，再积极争取呢。除此之外，当主管经常要加班开会，而我下班时间要去学画画，我不确定自己能否妥善处理好这些事，所以，不如先放弃主管的职位，专心经营好自己喜欢的插画学习。"

菲菲这么一说，我们倒是不得不佩服她的通透了。

而那位被领导提拔为部门主管的同事，每天累得要死要活不说，还被领导批评没有带领部门员工为公司创造更多价值，心里别提有多憋屈了。后来，领导又将他降为实习主管，同事觉得没面子就主动辞职了。

而菲菲呢，在平时的工作中注意积累自己的专业技能，渐渐开始崭露头角。下班以后，她就专心创作杂志社给她约的插画，能用爱好挣点外快提高自己的生活品质，菲菲活得潇洒极了。

　　追名逐利不是错，只要你活得开心，乐在其中。淡泊名利也不是你无能，只要你活得富足，自得其乐。不管选择哪种生活，只要是你喜欢的，就是幸福的。你要相信，有种人生，只要肯努力，命运就会给你一个满意的答卷。

　　愿你抛开世俗的枷锁，以自己喜欢的方式过一生。

在平淡中优雅地老去

父母辈的婚姻多处于半包办的状态。也就是三四十年前吧，媒人上门说媒，亲戚之间相互介绍，这是两人"结发为夫妻，恩爱两不疑"的主要途径。

我爸妈就是通过相亲认识的。

我爸是个典型的严父，就是那种不怒自威的类型。如果我们犯错惹他生气了，都不用他批评我们，只要把脸一沉下我和姐姐就吓得直打哆嗦。妈妈则是典型的东方女人，以家庭为重，全心全意照顾我们这个家。在这种家庭氛围中，我家自然是男主外、女主内的格局。

我爸从来没有对我们说过他和妈妈的感情。关于他们俩的爱情，我也是从妈和邻居的闲聊中偶然得知的。

据说当时有人上姥爷家说媒，妈妈就被姥爷叫过去一起吃顿饭。妈妈说，她当初去吃那顿饭的时候压根不知道是去干什么，只是乖乖地坐在那里。直到她回家之后，姥姥问妈妈对人家小伙子是什么看法，我妈才知道原来这是让她相亲去了。

我妈当时整个人都蒙了：相亲？事先没人和她说呀，所以她根本没认真去看。可要说完全没印象吧，也有那么一点记忆，好像是戴着一顶大帽子，头发特别少。其他的，她真的完全记不得了。相反，我爸对我妈的印象非常深刻。话说当时我爸在见我妈之前还见了一位女教师，且不说四十年前的农村，教师这个职业有多抢手，就说那女教师本人也是温婉有气质，工作又稳定，简直是各方面条件都比我妈好。所以，在比较完女教师和我妈的条件后，奶奶要爸爸娶那位女教师。

爷爷问爸爸的想法，爸爸就支支吾吾地说除了我妈，谁也不娶。奶奶说自己儿子是不是吃错药了，放着好好的人民教师不选，非要选个没工作的乡下姑娘干啥。可不管奶奶怎么说，我爸始终坚持自己的选择。

我妈这边，在那个年代的河北农村，女方对男方的看法压根就不重要，只要父母觉得行，这门婚事差不多就成了。而我姥爷相中了我爸，所以我爷爷上门提亲的时候，当场就定下了一对儿女的婚事。

定亲的那天是我妈第二次见我爸，那个时候她才细细打量了我爸：哦，这个男的就是我要嫁的人，一辈子那么长，就是嫁给他啊。当时我爸看我妈一直盯着他看，脸都红了。按说我爸上过高中（在那个年代的农村，念到高中就是高学历了），也算个青年才俊，怎么就突然害羞起来了呢？难道这就是所谓的"红鸾星动"？

第三次见面，两个人就登记结婚了。我看过他们的结婚证，上面的照片还是黑白的，我爸一脸紧张，我妈一脸茫然。我妈说结婚后不久，我爸就服从组织安排被调到了辽宁，然后他们就开始了相当长一段时间的两地分居。当时的通信业务没有现在发达，唯一能寄托情思的只有一封封接连不断的信。我爸从未对我妈说过"我爱你"这样火辣辣的情话，但几乎每周都能收到我爸寄过来的家书。

说实话，像我爸这么严肃的人，我真想象不出来他能写出什么情意绵绵的话来。

两年后，我妈申请到了追随我爸去辽宁的名额。自此，我们一家人就在辽宁定居至今。

谁能想到，只见过三次面的婚姻，就这样携手走了大半辈子。

如果将这种婚姻放到现在来看，肯定会有人说太草率了，且不说"父母之命，媒妁之言"的婚姻本就没有多少感情基础，就是见面次数也少得不足以让两个人有足够的了解啊。

可是，我妈每次说起她和我爸的结合，都充满感恩。她说那个时代虽然由不得她对自己的婚姻做主，但老天已经把最好的老爸送到她面前。嫁给我爸之后，虽然没有大富大贵，但是平淡安稳就是她想要的一生。

身为受过"我的人生我做主"教育的我，完全不认同我妈的婚姻观。

虽然自由恋爱未必就能白头偕老，但是让我跟一个只见过三次面的人结婚，我肯定是不愿意的。那种被时代、区域、文化和想法所束缚的传统婚姻观早就该抛弃了，现在我们要追求的是"选择自己所爱的，坚持自己所选的"，人生总要轰轰烈烈地爱一次才不枉一生。

我妈说我偶像剧看多了，过日子哪有那么多爱呀轰轰烈烈呀，你看历史上那些惊天地泣鬼神的爱情有几个善终的。我妈说我们这代人就是活得太安稳了，一点点小事就闹得天翻地覆，要死要活的。其实生活中没那么多值得人仰马翻的事，很多当时觉得过不去的坎儿过几年回头看，只觉得不过是人生的一段小插曲而已。

虽然我不接受我妈对我灌输的"平平淡淡就是真"的婚姻观，但是我不得不承认他们的确将我们这个家经营得很好，很温馨。我爸在外面辛苦工作，回到家总能吃上妈妈准备好的热汤热饭。吃完饭，我和姐姐出去撒欢，我爸和我妈就一道去广场遛弯。偶尔他们会从街边给我们买些零食，或是好看的发卡。那样的生活，我现在想来也觉得很幸福。

那时候整个经济大环境都不太好，过年能穿上妈妈亲手做的新毛衣、新棉裤就不错了。所以，尽管条件艰苦，我和姐姐在妈妈的巧手下，总是穿得干干净净、体体面面的。家里的电视分工明确，看完我和姐姐的《动画城》《大风车》等少儿节目，就是妈妈的《情满珠江》《贫嘴张大民的幸福生活》等家庭剧，最后是爸爸的《道德观察》之类的节目。

偶尔，我爸我妈也会吵架，但吵完后，日子该怎么过还是怎么过。

这是我能想象出来的所有关于我们家的幸福生活，虽然平淡、简单，但一直平安喜乐。

青春期的少男少女在一些偶像剧或是言情小说的荼毒下，总以为只有在爱情里撞得头破血流，才能证明自己真正爱过。总以为对方只有心甘情愿为你死，才是真爱你。分个手就要闹自杀，一言不合就要跳楼，干吗呢？就算一个人赌咒发誓"非你不娶""非你不嫁"又能怎么样呢？结婚后，就一定能保证两个人幸福美满，天长地久吗？

日子是一天天过出来的，爱是点点滴滴中积聚而成的。

不要咄咄逼人，也不要光喊口号。

现在的青春电影、偶像剧，男女主角好像根本不用学习、不用上班似的，他们的人生除了谈恋爱、闹别扭，让对方证明爱自己，好像什么事都不用干。课桌上没有堆积成山的试卷，办公室里连个垃圾桶都看不见。一点小事就分手，无时无刻不误会。整场电影、整部剧看下来，除了靓丽的服装、精致的妆容，你只感受到了男女主角不停地"作"，等"作"得差不多了，来个皆大欢喜就算完。你回想一下，真正的青春是这样的吗？真正的生活是这样的吗？

现实生活的学生通常穿着土不拉几的校服，剪着短短的头发，上课迟到会被罚站，考试不好会被请家长。对那个同学有意思要捂得严严实实的，最好谁也别发现。

现实生活中的上班族，很多是早晚挤地铁、坐公交，每天不是吃盒饭就是随便应付两口就算一顿饭。工作做不好要挨批，任务完不成要罚款。没有"霸道总裁爱上我"，更没有二十四小时随时候命的完美备胎。

时代在进步，真理永流传。

不管岁月如何变迁，安稳的幸福永远不会过时。很多人一辈子折腾来折腾去，坐拥千万财富，身边的人来来往往，依然不快乐。这类人好像什么都有了，又好像什么都没有。而作为大多数的平凡人，既没有什么特别的经历，也不必搞什么腥风血雨的豪门争斗，所以就不要参考电影、电视剧上面演的那些为了推动情节发展和凸显跌宕起伏的剧情发展而生活了。

辛苦打拼，力争上游，到最后也不过是一日三餐，爱人相伴。

利欲熏心，处处算计，除了把自己搞得筋疲力尽，死后依然是赤条条地去。

这不是为弱者找理由，而是让你明白努力是努力，生活是生活。

世人总喜欢拿成功人士做标杆，好像只有功成名就才算圆满，做生意最好成为大富豪，做演员最好成为巨星，画画最好成为下一个梵高……

人活一世，每个人的际遇都不一样。有的人自带开挂属性，一路成长都顺风顺水，步步高升；而有的人犹如被衰神附体，事事难成，即使倾尽全力也壮志难酬。所以，凡事莫强求，尽力就好。

杨绛先生曾经说过这样一段话："我们如此渴望命运的波澜，到最后才发现：人生最曼妙的风景，竟是内心的淡定与从容……我们曾经如此期盼外界的认可，到最后才知道，世界是自己的，与他人毫无关系。"

世事繁杂，人生无常，谁知道明天和意外哪一个先来。见过大风大浪，才知平凡可贵；吃过山珍海味，方知粗茶淡饭的美。

不是轰轰烈烈才算圆满，平淡安稳也是幸福。

能在平淡中优雅地老去，人生何其有幸！

只要结果好，就是真的好

我们经常说"强扭的瓜不甜"，凡事不可勉强。可是，很多人却觉得甜不甜是后话，最起码先扭下来我开心。

一个小伙子看上一个姑娘，也不管姑娘喜不喜欢自己，先追啊，追到手就行。至于姑娘是"好女怕缠郎"才跟我好的，还是感动于我的付出才同意的，都不重要，反正结果就是我得到了我爱的，我吃到了我想吃的瓜呀。

要是我看中了一个瓜，我倒是想等它瓜熟蒂落再动手，但保不齐别人也有这想法，要是一不留神被别人捷足先登了，那我不亏大了吗？

虽然总觉得这种腔调怪怪的，但仔细品品，的确有几分道理。

瓜熟蒂落自然香，顺其自然当然好，但保不齐中间会出什么幺蛾子，鸡飞蛋打一场空。虽然看护瓜的时候，风吹日晒怪辛苦的，但是多用点心，不给他人可乘之机，总是没坏处。

你说她根本不喜欢我，就是可怜我、同情我，所以才跟我在一起了。没关系啊，只要她点头，天长日久的，不怕不日久生情。只要结果好，就是真的好。

凡凡公司要开展一项大家之前没有接触过的新业务，就是当下特别火的网络直播。起因是，有次他们公司在参加一个行业活动时，活动还没开始呢，对手公司的员工就拿着个三脚架往手机上一连接开始直播。作为同类型的公司，眼看人家把自己的专业形象搞得这么"高大上"，我们老板也坐不住了，活动一结束回到公司就召开紧急会议：我们也搞直播！

负责拓展新业务的主管问大家的看法，有人说"直播是能快速、直观地传达活动现场气氛，有利于提高公司的影响力"，有人说"直播是当下最流行的宣传媒介，我们早就应该搞了"，有人说"直播之前，一定要先培训，不能说得磕磕巴巴的，那就适得其反了"。

总之，大家对直播这件事都异口同声地表示赞同。

那么，问题来了：这活具体谁干？

刚才还讨论得热火朝天的会议室顿时鸦雀无声，大家纷纷低下了头，就像上学时害怕老师点名让自己回答问题一样，再不敢直视主管的目光。

最后，还是凡凡第一个站出来，举起手说："要不我试试吧！"

主管看了看凡凡，又看了看把头埋得低低的其他同事们，叹了口气："凡凡，你勇于参加的精神值得表扬，但是这件事你不太适合。大家还是先好好想想怎么直播，至于主持人，实在不行就另外招个新人吧！"

散会后，大家围住凡凡，纷纷劝她不必在意主管的话。

"主持人要跑外勤，风吹日晒的不说，吃饭也不定时，还不如待在办公室舒服呢。"

"现在的主播不仅要肤美貌白大长腿，还要多才多艺有实力，标准确实有点高啊！"

"年轻人想多学点东西是好事，凡事力争上游值得表扬，但是你看看竞争对手公司的那几个主播，人家不但颜值高，表达能力也很强啊。现在领导这么重视这件事，万一出了纰漏，岂不是吃不了兜着走？"

……

话是不错，可凡凡就是想当主持人。就算她要长相没长相，要身材没身材，完全就是扔到人海里就再也寻不见的类型，她也想锻炼一下自己呀。

公司不选她没关系，反正现在是全民直播时代，下载个直播软件就能搞定的事，她不试试怎么甘心呢。

说做就做，下班回到家以后，凡凡马上在一个直播平台上开了个直播，并把直播地址分享到朋友圈请大家围观。可是，她都说了半个小时了，也不见有几个人来观看。就算有几个跑来一探究竟的，也只是默默围观，连个互动的表情都没有，全程下来就她一个人在那不停地说呀说呀，说到最后，她都不知道该说些什么好了，只好草草结尾。

好事不出门，坏事传千里。虽然围观的人数不多，还是有多嘴的同事把凡凡自己开直播的事在公司里宣扬了一遍。有同事安慰凡凡："别勉强自己了，强扭的瓜不甜。直播这件事啊，真不是随便就能做成的。"

同事本来是好心，可在受挫的凡凡看来却像是讽刺，一下子把她不服输的个性挑起来了。她心里暗暗发誓：我非得干好让你瞧瞧不可！于是，她把下班后的所有娱乐活动取消，不聚餐，不唱K，健身房不去了，瑜伽也不练了，一心一意扑到直播这件事上。她上网围观别人都是怎么直播的，查各种直播攻略，分析自己的优势和不足，寻找能吸引大众的内容和方向。总之，她打定主意一定要在众多网红脸中杀出一条血路。

还真别说，还真让凡凡找到了。

直播什么呢？

做饭！

虽然凡凡唱歌不行，跳舞不会，颜值不在线，但她做饭可是一绝。所有吃过她做的饭的人都对此赞不绝口，虽然比不上五星级饭店的大厨，但与普通人的做饭水平相比，绝对是色香味俱全，让人想不竖起大拇指都不行。

确定好路子，准备好直播器材，凡凡在厨房找了最佳的位置，开始直播教大家做菜：可乐鸡翅，油焖大虾，红烧肉……做得那叫一个五彩缤纷，光是看着，口水都要流下来了。

　　一开始，凡凡的直播还是没啥人气，可是不管有没有人观看，也不管有多少人观看，她每天都准时准点照播不误。就这样坚持了一个月之后，凡凡的直播开始有人气了，互动的人多了，粉丝也多了，收到的礼物也有大游艇了。水涨船高，当围观的人越来越多之后，凡凡的直播名次一度排在区域美食的前五名。呵，本来只是想证明一下自己，没想到还能顺便赚个外快。

　　一次直播的时候，粉丝问凡凡是怎么走上直播之路的。凡凡说："最开始是公司要做直播，但是自己报名之后，公司不同意让她做。同事也说强扭的瓜不甜，让我放弃。可我不这样想，我就想，强扭的瓜就算不甜我也想吃，只要扭到我手里，我就开心。所以，就自己搞喽。"

　　最后，她还顺道煲了个"鸡汤"：人生不是做菜，不能什么都准备好了再下锅，哪有什么条件成熟不成熟，尽管去做就好了。

　　是呀，不去做，谁也不知道行不行。你说我是不撞南墙不回头，不，我撞了也不回头。为什么呢？撞完了那么疼，回头多吃亏。至少疼完了，我知道此路不通，我可以尝试新办法。此路不通，我可以去学开推土机，等我学会开推土机，我直接把墙推了，看南墙还挡不挡得住我。

瓜熟蒂落是好，可瓜熟蒂落的时候，抢的人也多了，有时候你不先下手为强，到时候能不能抢得到还不一定呢。所以，不如我先把它摘下来，就算一时不熟，放一段时间，它自然也就熟了。

什么时候都是最先抓住商机的人赚大钱，跟风的人只能捡别人玩剩的。

感情这种事，差不多也是如此。一见钟情，两情相悦是好，但日久生情，你侬我侬未必就不幸福。

两个人在一起快不快乐，合不合适，光看长相、身高、学历、家世是看不出来的，只有相处了才知道。要不说呢，世间最难下定论的就是感情。

悦哥和他女神就是。

女神是那种单纯、善良、识大体的姑娘，而悦哥是那种爱玩、爱闹，特别不成熟的粗糙汉子。

女神决定和悦哥在一起的时候，挺坦白的，说自己刚结束一段失败的恋情，愿意尝试一下新的关系，合适就处，不合适就算了。

我们一听说女神是这态度，就赶紧劝悦哥别闹了，女神明显是借助新恋情摆脱旧情伤，等她痊愈了，肯定要跑啊。和一个自己喜欢而对方却不喜欢自己的人在一起，多累啊。

"你和你家女神压根就不是一路人，做朋友还行，谈恋爱没戏。你呀，就是赶上人家空窗期凑个人气，还是趁早散了，免得自己越陷越深。"

"女神喜欢看的电影都文艺小清新风格，而你最爱看的是漫威；女神请你去听音乐会，你能听着听着就睡着了；女神不爱吃辣，你无辣不欢……"

"女神长得小鸟依人，你就是个糙汉子。你们俩站在一起，就跟社会二流子欺负女大学生似的，别扭。"

……

可是不管兄弟们怎么劝他、怎么损他，悦哥愣是不撒手。啥叫不合适，早晚得散？就算注定要散，也得先顾好眼前的日子再说。

于是，悦哥开启了无敌追爱模式。不是说女神爱看文艺片吗？看呀，他爱看的漫威他可以自己看。女神爱听音乐会，他总是能听得瞌睡，没关系，下次再听的时候，他提前喝杯咖啡。女神不爱吃辣，那就不点辣的，他自带辣椒酱自己吃。发了工资，第一件事就是带女神购物。女神推脱不必了，悦哥就霸气地学人家偶像剧里的霸道总裁："我就是喜欢给我喜欢的女人花钱！"

就这样，两个人从朋友做起，日久生情，悦哥愣是把女神的心给融化了。

守得月开见月明的悦哥收到了女神源源不断的回报，女神开始源源不断地在朋友圈、微博、QQ 空间等各种社交媒体大撒他们俩的狗粮，虐得我们这一帮单身的人啊，那叫一个抓心挠肝，直骂自己眼瞎，当初怎么就认定人家成不了呢。

这不，人家不光是秀恩爱，人家直接将悦哥套牢了。

婚礼上，女神哭得梨花带雨，说悦哥对她的好让她无以为报，只有余生"请多关照"；说一开始根本没想到走到今天，是悦哥让她知道了爱情的真谛。女神还说以后愿意为悦哥改变自己的一些喜好，悦哥喜欢看的漫威，她可以陪他去看；悦哥不喜欢听音乐会，她和约闺蜜一起去，让悦哥做自己喜欢的事；悦哥喜好吃辣，她可以做饭的时候，专门给他做一盘辣的。总之，她愿意为悦哥做出改变和尝试，也愿意和悦哥一起携手面对未来人生的风风雨雨。

轮到悦哥发言致辞时，悦哥直接说："我刚和女神在一起的时候，她并不喜欢我。朋友们都劝我别勉强自己，说我就是在女神面前应个景。可我不甘心，我不想放弃这么难得的机会，我当时想的是，感情是可以培养的，就算最后她依然觉得不合适，至少我努力过，我不后悔。大家看，现在我们不是挺幸福的吗？单身的兄弟们，有花堪折直须折啊！"

你说我强扭的瓜不甜，我觉得你是吃不到葡萄说葡萄酸。你就是羡慕我，羡慕我愿意去尝试，羡慕我愿意去努力，羡慕我愿意去争取。我不愿意被各种条条框框限定住，喜欢就上，想得到就努力，剩下的，命运自有安排。

如果有所谓的失败，那就是连尝试都没有尝试就先认输。

生活中，谁都有一时兴起的时候，比如想发文章、想学厨艺、想参加某项活动……然后，我们将自己心里的打算分享给朋友，希望得到他们的鼓励与认同。

可是，满心欢喜等来的却不是我们想要的。身边的人要不就是不支持，要么就是觉得我们是三分钟热度，早晚会放弃，要不就是嘴上说着支持，实际却是看热闹。

"整天发些无病呻吟的矫情文字，谁看呀！"

"就你那水平，连老抽、生抽都分不清，还学啥做饭，还是嫁个会做饭的老公比较靠谱！"

"听说你给领导汇报个工作都磕磕巴巴的，能参加演讲比赛吗？"

"理想很丰满，现实很骨感。我觉得吧，你还是想想算了。"

……

虽然你们说的都是事实，可我想尝试一下我不擅长的地方，就是我现在做得还不够好，所以我才想改正自己、提高自己。没有天赋不怕，不是还有"勤能补拙"吗？

我并不是非要达到多高的高度，喜欢就是我的理由。你告诉我别浪费时间和精力了，我肯定做不好，可是我还没做呢，你怎么知道我不行。

世界上最浪费生命的行为之一就是凡事只停留在空想阶段。

什么叫强扭的瓜不甜？别再为你的懒惰、不思进取找借口了。不愿意做，不愿意去尝试，直接说自己又懒又笨又不上进就好了。你自己愿意站在低处仰望别人，就别拉着别人想往上爬的腿了。

这个世界上老天爷赏饭吃的人不多，多的是平凡的人。如果我们凡事光是想想就怕了，别人说两句冷言冷语我们就退缩了，那世界上就没有那么多发明家、创新者了。想好了就去准备，准备好了就去做，何必在意他人的闲言碎语。凡事努力去做了，有收获固然好，失败了也没啥，就当为自己的人生"打怪"积累经验了。太计较得失，错失的不仅是良机，还有成功的可能。

你的直播不管是靠做饭出名还是靠唱歌出名，并不重要，重要的是你通过直播实现了自己的个人价值。

你和你爱的人最初是一见钟情在一起的还是日久生情在一起，根本不重要，重要的是你们在一起之后很幸福。

不管是工作还是生活，都不要还没开始就被吓怕了，一看前途灰暗就不敢尝试了，对方没有给出明确答复就不愿意付出了。很多事情都是你努力了才有结果，你付出了才有回报。

道路崎岖点算什么，那个人晚来点算什么，只要结果好，就是真的好。

愿你的好心终有回报

刷微博的时候，看到一则新闻，说是一个外卖小哥因担心送餐超时，在电梯里一边跺脚一边哭，并焦急地盯着电梯的运行楼层，结果还是因为迟到被投诉了。

有人评论说，外卖小哥风里来雨里去的，多不容易啊，整天风吹日晒的，那么辛苦才挣那么一点钱，应该多给他们一点体谅。

也有人说，那个投诉外卖小哥的人上辈子是饿死鬼吗？晚到一点能饿死他吗？既然那么饿，为什么不直接去店里吃或是提前订餐呢？

还有人说，大家都是爹妈养的，要是自己被投诉了又会怎么想呢？凡事就不能换位思考一下吗？

对于这件事，我的看法可能与上面这些人说的有些不同。我觉得外卖小哥送餐确实辛苦，当他们把我们订的餐送到我们手上时，我们给予尊重，道一声"辛苦了"就可以了。说白了，这是他们的本职工作，他们既然选择了这份职业，就应该承担这份职业的辛苦。

就像医生的职责是救死扶伤，教师的职责是教书育人，警察的职责是保一方平安。每个职业有每个职业的职责所在，没必要去夸大他们的贡献。工作没有高低贵贱，每个行业都值得尊重。但这并不是说，凡事都理所应当，凡事都以自己的意愿为先。没有不想治好病人的医生，也没有不想教好孩子的老师，更没有不想保护民众的警察，但世人皆有力所不能及的时候，在别人为我们提供服务时，多给予体谅、尊重就好。

外卖小哥送餐很辛苦，因为迟到一会儿就被投诉的确不够宽容，但是那些借此就用恶毒的语言去攻击一个陌生人的人就很有教养了吗？新闻并没有对投诉外卖小哥的人到底是何方神圣进行追根究底，我们也无法了解他是在什么样的心情下打了那通投诉电话，或许他就是一时等急了，或许他当时心情不好，外卖小哥迟迟没有送到，正好撞枪口上了。不管如何，纵然外卖小哥再怎么觉得委屈，投诉的人也罪不至死，毕竟外卖小哥是真的送餐迟到了呀。

不知道从什么时候起，人们开始把服务业放得很"低"，在服务人员没有完成自己的职责开始示弱时，就释放自己的正义感，觉得应该给予他们谅解、给予他们同情、给予他们改正自我的机会。而对于一些国家单位的公职人员却苛责不已，城管处理小摊小贩的时候，说话稍微大声一点，就说他们是仗势欺人，暴力执法；医生手术稍微做得不尽如人意，就骂他们是庸医，是不是因为没给红包所以才没有好好治；学生不听话，老师罚孩子站一节课堂，就说老师体罚孩子，对孩子的心灵造成创伤。

这个世界的价值观好像变了，好像谁弱谁有理，弱势的一方明明没有遵守规则反而得到原谅，遵照规范做事的人稍有不慎就是仗势欺人。说到这儿，让我不由得想起电影《搜索》中高圆圆因为在公交车上没有主动给老人让座，就被当作典型录成视频发到网上，一时间激起千层浪，"正义"的网友纷纷躲在键盘后面去人肉她、批判她，骂她没素质、没教养。可是剧情很快给观众解了密：那天的她，刚被查出身患绝症。

仅凭一个看到的表面，就对事物妄下定论，是不是太草率了？不管事情的真相如何，直接站队到看起来比较弱势的一方，以满足自己虚假的道德感不觉得可耻吗？

因为我开的是豪车，而你的车看起来好像没有多少钱，你撞了我就可以不赔钱吗？我坚持追责就是恃强凌弱，没有人情味吗？

喂喂喂，你要搞清楚，是你先撞了我，我才向你索赔的。别还没协商呢，就先哭哭啼啼的，说自己有多不容易，搞得好像我欺负你似的。这个世界谁活得容易？我的钱也不是大风刮来的，我加班到凌晨三点的时候你知道吗？我攒了多久的钱才送给自己这件礼物你知道吗？就因为你看起来比较弱，我就必须得原谅你、必须得同情你，然后让我为你的鲁莽买单？

到底是谁是非不分、三观奇葩？

服务行业，卖的就是服务，你服务不好，我不满意，还不能给个差评了？给个差评就是我冷血、我没有人情味、我欺负你，这是什么道理！

你知道送餐晚了会被客户投诉、会被扣奖金，你可以少接一些单子啊。你养家糊口不容易，想多挣些钱可以理解，但是别绑架别人的同情心好吗？大家都是智力健全的成年人，那就应该为自己的行为买单。

服务业不想着提高自己的服务质量，只想着剑走偏锋，靠"卖惨"赢得大家的同情，早晚会卖惨也没人气的。

有段时间有一档类似于职业体验的综艺节目在网上播得特别火爆，节目邀请一些当红男明星化身外卖小哥去送餐。这位男明星假扮的外卖小哥从接电话开始就被各种投诉，不是记不住店里的菜品就是听不清订餐者的要求，总之，他无法和客户进行有效的沟通，接单接得乱七八糟。

接下来，该送餐了，他不是不知道送餐地址，就是走错位置，没有一餐能准时抵达，期间不断受到客户的抱怨，最惨的是当他将最后一餐送到客户那里时，客户以早就过了用餐时间，直接拒收！

也不怪客户拒收，人家中午十二点订的餐，你到下午三点多才给人家送到，人家还会吃吗？所以，不管那位男明星扮演的外卖小哥如何苦苦哀求，对方就是拒绝接收！

节目播出后，男明星的粉丝纷纷留言，拒餐的人太没礼貌了，虽然是送晚了但终归是送到了呀，再说了，人家也不是故意的啊，就不能谅解一下吗？就这样无视别人的劳动成果，也太不尊重人、太不礼貌了吧！

没礼貌？

没礼貌的不是送餐员吗？本该一个小时就送达的餐饭，他愣是迟到两小时才送到，难道订餐的人还应该握着他的手，和他说一声"谢谢你，辛苦了，还好你给我送到了"？

也就是综艺节目吧，如果放到现实生活中，我不信能有几个好脾气的人在面对没有时间观念的人还能不断地体谅"第一天上岗"的外卖员。节目中的男明星自然是态度良好，知道自己错了就不断道歉，可是他所展现出来的业务能力不也正是现在外卖行业的很多问题吗？

刚参加工作，很多事情和流程都不熟悉是外卖人员最惯用的借口。当然，有的外卖第三方的确因为送餐人员不够，对新招来的员工未进行岗前培训就直接外派出去了。可是，再怎么急促，第一次上岗前也应该有个基本的岗前培训吧。

就拿送餐时间来说吧，预设的送餐时间本来是为了让客户有更好的用户体验和提高用户的黏合性经过专业测算的，一旦超过客户的心理等待时间，就有可能被客户放弃。所以，外卖平台都将时间卡得很死，也许这件事不该让外卖员买单，但更不应该让客户买单。

我身边从来没有因为外卖员迟到几分钟就去投诉的人。可是，如果真的发生了和节目中展示的那样外卖员迟到两个小时或者更长时间的情况呢？大多数公司的午餐时间只有一个小时，订餐多发生在午餐时间前一个小时，如果我下午的上班时间都要到了，我订的餐还没有送到，难道我没有权利表达我的不满吗？万一我那天有很重要的事，你当时没有送到，我就离开了呢？

朋友说，有一次北京下大雨，他订的餐迟到了一个小时，他本来很生气，可是一看到外卖员将餐送来的时候衣服都湿透了，他觉得心酸极了，就没有多说什么，只是从那以后，他再也不在恶劣天气订餐了。

但节目中负责职业扮演的男明星送餐那天，风和日丽，万里无云，他之所以迟到那么久，是因为每餐送达后他都和别人进行了互动，所以耽误了很多时间。那么，这种情况仅仅是节目效果还是现实生活中真有可能发生呢？如果送餐迟到不是因为出餐时间晚，不是因为天气恶劣，只是因为外卖员自己的个人行为造成的，这种情况下，难道客户不应该感到不满吗？

还有一种情况是，我尊重了你的劳动成果，你尊重了我的消费者权益吗？

有一次我点的餐，送到的时候汤洒出了一大半，我心中有些不满，就问外卖员是怎么回事。可是我得到的不是歉意，而是满不在乎地说："不是还有吗？能吃就行呗。"

还有一次，外卖小哥送餐迟到了，大热天的，也挺辛苦的。于是，我拿到餐，说了"谢谢"就收餐了。结果我打开后却发现不是我订的餐，就赶紧给外卖员打电话，想和他确认一下是送错了还是餐馆弄错了，可我话没说完呢，外卖小哥就着急忙慌地说："反正价钱差不了多少，你就凑合着吃吧。"

我没有确认一下是不是我的饭就收了有我的错，但为了下一个顾客着想也应该来换一下吧。再说，你怎么确定那位顾客就不介意被送错呢？万一人家吃了不能吃的过敏呢？食物中毒的后果你承担得起吗？就算我们都不需要换，也不应该由外卖员决定，而是应该由顾客决定吧？

发生这件事的时候，那个外卖平台的评分制度还没有上线，不然也许我就给差评了。不是说我要在小事上斤斤计较，而是想要我尊重你的话，首先你要自重吧。如果说你比较辛苦，我们因为你服务不到位而给你差评或是投诉你，你就觉得我们不近人情，那谁不辛苦呢？

　　我加班到半夜，熬出黑眼圈好不容易才写好的方案，甲方只看了个开头就给我否决了。我能哭着喊着说：哎哟，你看我为了写这个案子连黑眼圈都熬出来了，你怎么能给我否决掉呢？你这不是欺负人吗？

　　呵，我要真这么干，甲方早翻八百个白眼给我了吧。

　　领导交代给我的工作，因为时间紧，任务重，我拉着同事加班加点好不容易在时间节点前把工作完成了，结果因为错了一个数据被领导批了一顿，还罚了钱，我能和领导说：领导，这是我们放弃休息时间做的，就算没有功劳也有苦劳，您不给我们发奖金也就罢了，怎么能罚我们钱呢？

　　我要真这么说，恐怕人事部门就会约我谈离职的事了。

　　律师为了做好一个案子，从和证人谈判到实地到访，期间各种翻看案卷，好几摞的资料从头看到尾，抽丝剥茧般一点细节都不放过，可是到了开庭还是输了，他能和法官说：为了这个案子，我都好几天没有回家了，你能不能判我的当事人胜诉？

　　恐怕法官能给他的，不是质疑他的专业性，就是怀疑自己耳朵听错了。

　　一个三线小演员，大冬天泡在冷水里拍戏，为了一个跳舞的镜头练到韧带受伤，公司安排的活动从不敢怠慢，唯恐错失任何一次机会，可就是不火。她能和观众们说：你们看我都这么努力了，就不能多支持支持我，让我大红大紫吗？

　　观众的反应恐怕不是心疼她有多辛苦，而是让她受不了就滚出娱乐圈吧。

这个世界上从来都不是一个讲苦劳就可以横行天下的世界。哪个行业不辛苦，哪个职业不辛苦呢？看似光鲜亮丽的背后付出了多少代价，又有几个人知道呢？认真工作的劳动者最应该收到的是尊重，而不是因为这个行业带来的同情。对于那些因为所处行业比较特殊、比较累就随便糊弄的人，该差评还是要差评，该投诉还是要投诉。

每个行业都有自己的规则和标准，有所顾忌才能有所提高，不断进步。任何一种职业都有自己不容易的地方，如果人人都不按照规章制度办事或是对违反规则的人不予以惩罚，那社会早就乱套了。制定规则的初衷是为了规范大家的行为，而不是刻意为难谁。

我们尊重每一位劳动者，也讲人情，但人情不应该变成一种绑架。不能因为一个人有钱就得放弃自己的追偿权，因为你是大人就得原谅熊孩子的无礼，因为遭受过不公平待遇就可以危害社会公共安全……我们希望你善良，但善良不应该被利用。

愿你的好心终有回报，愿你的善意让你享受到相应的权益。

把最好的一面，留给爱的人

有一句话说得特别好："我们最大的错误就是把脾气最坏的一面留给了身边最亲密的人，却把最温柔的一面留给了陌生人。"

想想也是，大多数人或多或少都是这么做的，在可预知的安全范围内，毫无顾忌地将自己所有坏的、不好的一面统统展示给自己最亲近的人。

因为我们知道，无论我们如何无理取闹，如何任性蛮横，那些深爱着我们的人都会包容我们、原谅我们。所以，我们就肆无忌惮地伤害他们，忽视他们。他们假装没受伤，我们假装没看到。

可是，那些遭受我们各种不公平待遇的人，真的无所谓吗？

我闺蜜有个同学叫小胖，两个人因为喜欢同一个明星就火速"勾搭"上了，好得恨不得同穿一条裤子，不知道还以为两人是亲姐妹。

可是，也许就是因为关系太好了，小胖的一些任性和不讲理才让我闺蜜越发崩溃。

到底有多不讲理呢？就拿一件简单的小事来说吧，小胖想要早上起来跑步减肥，而我闺蜜恰好早上喜欢早读，所以小胖就拜托我闺蜜早上喊她起床。

第一天，我闺蜜起床看书的时候，叫了小胖几声，小胖睡眼惺忪地说不去了，然后翻个身继续睡去了。我闺蜜看她睡得那么香，就没有再叫她，自己去看书了。结果等小胖睡醒以后，逮着我闺蜜一顿埋怨："你怎么不叫醒我呀？你应该摇也要把我摇醒啊！记住，以后不管用任何方法，哪怕就是朝我脸上泼凉水也要叫醒我！"

第二天，我闺蜜牢记小胖说的话，小胖说了不去依然叫她赶紧起床。其实没有用泼冷水那么极端的方法，就是在小胖耳边多喊了几声，结果姑娘就怒了，起来倒是起来了，可是搞得好像我闺蜜打扰了她的清梦似的，一直摔摔打打的，弄得我闺蜜又尴尬又委屈。

这么搞了两次后，我闺蜜说啥也不肯再叫她起床了。得，这下小胖又不满意了，说我闺蜜不愿意帮她，就是想看她胖死，好衬托我闺蜜的美。把我闺蜜气得差点吐血，两人当场吵了一架。

类似的事情还有很多。之前两人约定早上一起去上课，我闺蜜辛苦等了小胖半个多小时，结果小胖一看快迟到了，直接说不去了……我闺蜜说："你不去倒是早说啊，我等了你这么久，临到该上课了你说不去了，你也太不尊重人了吧。"小胖不但没半点歉意，还直接来一句："你觉得时间来不及你可以先走啊，我又没让你等我！"一句话噎得我闺蜜连话都不想跟她说了。

下次上课眼看又要迟到了，我闺蜜就跟小胖说了一声和其他人先走了。结果刚走到教室就收到小胖发来的连环轰炸短信，大意就是控诉我闺蜜上课不等她，说好了一起去上课，没想到她只想着自己不能迟到，完全不顾朋友的死活。期间还有一句超经典的台词："别人不等我也就算了，我们可是好朋友呀。我真没想到，连你也会背信弃义！"

我闺蜜回复说："我走的时候不是给你打招呼让你快点吗？而且之前有过一次这样的情况，当时你说以后要是再遇见这种情况，我可以先走，所以我就先走了呀。"

可是，不管我闺蜜怎么解释，小胖就是认定我闺蜜自私自利，不讲道义。

结果可想而知，两人正式闹翻。

面对小胖的不断指责，我闺蜜实在忍无可忍，就说："要不我们绝交吧，和你做朋友实在是太累了！"

试问，谁愿意跟这样的人做朋友？我们是做朋友，又不是上下级，就算我们再好再亲密，但你这样不讲理，谁能受得了？

可能很多人觉得，既然两个人能成为朋友，肯定小胖也有付出过啊。是，我闺蜜很感激小胖在自己生理期不舒服的时候替她打水，也很感激小胖在自己忙作业顾不上吃饭的时候给自己带过饭。可是，如果因为你也对我好过，就让我包容你所有的公主病和不讲理，对不起，我真做不到！

尤其最让我闺蜜受伤的那句："别人不等我也就算了，我们可是好朋友呀。我真没想到，连你也会背信弃义！"

什么叫背信弃义？不等你上课就是背信弃义？我没等过你吗？是你说了再出现这种情况可以不等你的，怎么转脸就不承认了？如果非要较真，也应该是你背信弃义才对呀。明明说好了两个人一起去上课，为什么你总是慢半拍？你懒，你拖拉，你都没想过自己和别人约定好时间了吗？为什么你不早点起床，自己迟到了还倒打一耙埋怨别人不等你？

但凡和这样的人相处过，都会觉得特别累。

同样的事情，只要不是特别严重，别人做了无所谓或是根本不在意，但你不能做，你做了就是对不起我，就是犯了弥天大罪。因为别人是外人，而你是我最好的朋友，最亲近的人。所以，你得懂我的情绪，一个眼神、一个动作、一声叹息，时刻关注到我，照顾我的感受，安抚我随时有可能会碎一地的玻璃心。

真正的朋友的确应该做到对方一个眼神就知道他所有的想法，在你孤单难过的时候，给你陪伴与安慰。可是，这些都不是你可以对我进行情感绑架的原因啊。说到底，我们是朋友，我不是你妈，没有义务永远包容你。

我还有一个朋友，生性豪爽，做什么都大大咧咧的，可就是这么一个马大哈的人却交了一位特别玻璃心的朋友。

这位朋友对马大哈是真好。她妈妈做了好吃的点心，总不忘带一份给马大哈；知道马大哈爱看球赛，就算自己不喜欢也心甘情愿陪她去看；马大哈和人吵架，第一时间站出来维护马大哈。

当然，马大哈对她也很好。她生病了，马大哈冒着大雨在路上打车送她去医院；天气寒冷的时候，她要是忘了戴手套，马大哈就把自己的围脖和手套让给她戴；看到她喜欢的东西，马大哈会毫不犹豫地买来送她。

说到这儿，大家一定以为这是一段令人羡慕的友谊吧？

并不是！

因为这位朋友总是觉得马大哈对她没有那么好。

两个人一起走在街上，有个台阶马大哈跨过去了没有提醒她，她就觉得马大哈没有把她放在心上，不然怎么不提醒她一下呢？马大哈不以为然地说："你都看见了呀！"这位朋友却特委屈地说："万一我没看见呢？"

马大哈和另外一个朋友相约晚上一起去跑步。这位朋友问："你那么想跑步，为什么不找我陪你一起跑？"马大哈说："你不是不喜欢跑步吗？"这位朋友又不开心了："我不喜欢但我可以陪你呀！你看我做什么心里都想着你，可你却总想着别人。"

只要逮到机会，她就要说自己对马大哈有多好多好，而马大哈对自己有多不在乎有多无视。马大哈本就是一个对细节不甚在意的人，难免有照顾不到她情绪的时候，现在又被她埋怨自己对她不够好，久而久之，心里难免有压力。马大哈想告诉她不必对自己这么好，可又怕这种想法会辜负她的一片心意。马大哈觉得不管自己怎么做，好像都是错的。

所以，既然处得这么累，我们还是绝交吧。

朋友或是恋人个性不合，还可以闹分手，闹绝交。最惨的是父母，如果遇见这种自私自利、完全以自我为中心的儿女可如何是好？明明是自己含辛茹苦养大的，不说孝敬自己也就罢了，还要在情感上绑架自己、在精神上折磨自己，这谁受得了？

我大学有个舍友，每次听她给自己母亲打电话语气都很冲，很没有礼貌。有时候她妈妈不知说了一句什么让她不开心的话，她就开始冲着电话那端嚷嚷起来。偶尔我们实在看不下去，也会劝她对自己的母亲多点耐心，总是冲自己的亲人发脾气，他们该有多伤心。可她却说，她和她母亲一直都是吵吵闹闹的相处模式，彼此早就习惯了。

什么叫习惯了？天下哪有父母对儿女冲自己嚷嚷、不尊重自己这样的事而习惯到不在乎的？不过是宠你、爱你，不忍心责备你而已。

就拿我自己来说吧，从小我父母就教导我，和人说话要有礼貌，即便是和自己的父母说话也要客客气气的，做错事要道歉，提供帮助要感谢。所以，我对父母一直很尊重，经常把"谢谢"挂在嘴边。

舍友说我和父母处得这么客气太奇怪了，家人还是随意些好。我不这样认为，相反，我很认同父母对我的教养方式。因为在家里也保持基本的礼貌和教养，所以在与外人相处时，我对他人的尊重自然而然也就跟着来了。主动尊重他人的人，也能赢得他人的尊重，所以我很少有不被人尊重的感觉。

说回我那位脾气暴躁的舍友，我想她真的需要好好上一节情感课，学会如何爱人，了解如何感知爱。这个世界上，没有谁会永远伴你左右，父母也不例外。谁知道明天和意外哪一个先来？生老病死，世事无常，为什么不在拥有的时候，把自己最好的一面展现给他们呢？该感谢的时候，大声感谢；该说爱的时候，大胆说爱。不必不好意思，遗憾一旦发生，有些事你想做都没机会了。

有人一直惯着你、宠着你，包容你的任性，理解你的不懂事，只能说你很幸运，但不是理所当然。遇到了要珍惜，遇不见也不遗憾。任何感情，最舒服状态就是和你在一起，彼此都不累。

希望你能把最好的一面，留给爱的人。别说因为爱我才露出真实的一面，如果因为爱我就让我疲惫不堪，不好意思，我们还是绝交吧！